极简央行课

［美］王造（Joseph Wang）◎著

李卓楚◎译　王永钦◎校

Central Banking 101

格致出版社　上海人民出版社

推荐序
溯流而上：探寻全球流动性之源

王永钦

潮起潮落，世界各国如百舸争流，随着金融周期跌宕起伏；溯流而上，方知全球金融管道活水之源——货币。金融合约则如朵朵翻滚的浪花，亦如涌动的暗流，织就了相互嵌套的资产负债表之网，推动着整个经济体系的前行。可见，实体经济离不开货币及金融合约的助力，更加毫不夸张地说，正是流动性的创造，推动世界金融体系不断向前发展和完善。

诚然，金融管道创造的流动性恰如一把“双刃剑”。回首过往，细数许多重要的全球金融周期，无一不能追踪到流动性创造的刀光剑影。2008 年，影子银行体系流动性蒸发，引发全球性金融危机；2022 年，美联储实施加息紧缩性货币政策，世界上几乎所有的资产类都大跌，各国的经济增长亦深受影响。

世界金融与货币体系犹如江海奔腾，浪花四溅，看似触手可及、妇孺皆知，但欲真正理解其动力之源，以期乘风破浪，则绝非易事。

《极简央行课》一书风格独特，语言洗练，是一本关于现代货币市场和金融体系的最佳入门读本。更为难能可贵的是，本书作者在美联储工作、观察和思考多年，该书对于以美联储为核心的全球货币金融体系如何运作、信用如何创造的刻画可谓入木三分，深入浅出。因此，我们引荐此书，唯愿带领中国读者一起溯流而上，探寻全球流动性创造之源，窥视金融管道的动力机制，赋能金融界同仁劈波斩浪，共同助力中国早日成为全球流动性创造的金色彼岸。

01/ 货币体系以及美元的全球性市场

货币经济学就是“流动性”的经济学。货币创造特别是美元创造像是控制社会经济大潮奔涌向前的“闸门”，在美联储这个世界性中央银行的掌控之下，为整个金融体系源源不断地注入流动性。

货币与流动性

有学者认为，人类社会的发展就是一部寻求流动性和安全资产的历史。何为货币（流动性）？在现代社会，流动性（货币或者安全资产）就是“不受任何质疑”（no question asked）、价值在任何状态下都比较稳定的、人们普遍接受的金融合约，在任何时候都能做到“一元钱就是一元钱”。

具有这种特点的资产或金融合约就成为不同阶段流通于社会的“货币”，继而，这些货币的流动性之源成为人们关注的焦点。我们所使用的硬币、钞票和纸币等都是法定通货，通货是一种常见的货币形式，但它们并非是最主要的类型。毋庸置疑，美联储、商业银行和各国财政部、最近四十年兴起的影子银行都在货币体系中扮演着重要的角色。随着人类的不断进步，在现代社会中，商业银行创造的“短期债”（短期存款）因其具有很强的流动性能够被所有人“接受”，而逐渐被视为理想的货币形式之一。银行存款是商业银行创造的货币，其与通货可以互换。美国的中央银行准备金则是由美联储发行、只能由商业银行持有的一种货币。由政府发行的美国国债虽然可能具有很长期限而并非短期债，但以国家主权信用作为担保的美国国债，有着较高的流动性与安全性，随时可以兑换成通货，在实际上成为大公司和金融机构的“货币”。这些机构不会持有大量的现金，也不会将资金存放在商业银行（因为其数额已经远超过联邦存款保险公司存款保险的上限），亦不会持有央行准备金（因为只有商业银行才有资格持有准备金）。因此，国债就是机构最理想的货币形式。此外，国债是具有收益率的，美国国债收益率被视为所有美元资产的基准利率，因而美国国债也是一种安全资产。如后文将提及的，美国国债因其高安全性与高流动性而被全世界广泛接受。正如本书所概括的，“现代金融体系中最主要的货币包括法定通货、银行存款、中央银行准备金和国债”。

不同货币类型有着不同的信息敏感程度和被“接受”程度，流动性也略有差异。无论如何，“不受任何质疑”是所有货币类型的共同特性，这也意味着，像股票这类对信息高度敏感的资产是难以成为“货币”的。例如，从国家记账单位的角度来看，银行存款的价值似乎从未有过波动。你可以随时用 100 美元中央银行存款偿还 100 美元债务。但是，如果以苹果公司股票支付 100 美元债务，那么所需股票的数量就会因时而动。因此，在用苹果公司股票结算时，苹果公司可以发行小面额的股票和硬币。但是设想一下，如果所有市场价格都以苹果公司股票报价，一般价格水平自然就会随着苹果公司股票的价值、股份分割和合并等变化而不断发生改变，股东收到分红的形式也将是价值不确定的股票（而非法定货币），这显然不是最优的货币形式。这样，我们也就不难理解为什么比特币等基于区块链技术创造的“数字货币”会失败了：巨大的波动性使得它们“有太多被质疑的问题”（too many questions asked）的地方，这不符合我们对货币的定义，也为日常支付带来了巨大的麻烦。人们喜欢我们总结的四种“货币”是有据可循的。

实际上，安全的短期债意味着“流动性”，货币经济学就是“流动性”经济学。这些流动性略有差异的货币类型之间可以相互转换。国债具有很强的流动性，它作为机构投资者持有的重要货币类型，与其他货币类型能够很便利地互相转化。国债持有者可以在市场上出售国债，或者以其为抵押品申请贷款，从而将国债转化为银行存款或现金。如前文所述，商业银行也可以让银行存款与现金实现互换。

美国经济学家明斯基曾说，“每个人都能创造货币，问题是如何让它被接受”。至此，我们同样可以说，源于资产的流动性，每种资产都具有一定的“货币性”(moneyness)，只是不同类型资产的货币性或流动性的程度不同而已。如果对各类金融资产排序，包括通货、国债、银行短期债等在内的货币的流动性最高，其次是AAA级政府支持机构的MBS，再次是AAA级公司债，以此类推，直到对信息最敏感从而货币性最低的股票。货币的高流动性特征，使得货币创造以及货币市场不容小觑，也正是货币创造与货币市场，为我们理解整个金融乃至经济体系提供了重要视角。

当流动性过剩、货币政策宽松之时，通常全球所有资产价格都会同时上涨，经过市场—投资者的反馈循环便能自我实现式地创造出更多的流动性。相反地，金融危机的背后，往往会隐含着流动性不足引起的流动性危机。事实上，现实世界中许多问题的根源都是流动性问题，因此，不了解流动性也将无法真正了解金融体系。

美元的国际货币特征与美联储的地位

事实上，世界上所有经济体都对流动性资产有着巨大需求，正如前文所说，在当前全球化的金融体系中，美元已成为世界流动性之源，以致全球对美元存在大量需求。这一特征使美元显著区别于其他货币，并在贸易与金融方面发挥着独特作用。

具体而言，可从以下四个维度理解美元的独特性：第一，美元作为国际货币，在全球范围内被广泛使用，具有很强的流动性。在离岸市场，其他经济体也需要使用美元发行债务。第二，以美元计价的借款往往是低成本的，是融资时的一种理想选择。特别是对于新兴市场经济体这类外国借款者而言,美元借款有着更大的吸引力。第三,美元往往是国际贸易结算货币,全球贸易大多基于美元结算。第四,美元是重要储备货币,并且被视为全球避险资产。基于这些独特性,美国国债天然成为国际金融中无可替代的抵押品。

美元市场是全球性市场,并且大多数美元由美国境外投资者持有。全球美元体系的触角已经远远超出美国国境,这些在美国境外持有的美元被称为欧洲美元。欧洲美元这一离岸市场的规模之大,是世界上任何其他货币无法比肩的。离岸美元市场包括离岸美元银行与离岸美元资本市场,两者密切相关。离岸美元银行体系作为美元资金中介,其中以美元计价的资产规模与美国商业银行部门的总资产规模相当,并对美国信贷状况、美国贷款风险溢价有着重要影响;离岸美元资本市场则为极具深度和流动性的市场。借款人可以通过在美国境外发行以美元计价的债券而获得美元,并通常将这些美元存放于离岸银行,离岸美元市场的两个部分便自然而然地紧密联系在一起。

在国际视角下,美国建立起了以美元为基础的国际清算体系,这借助于美联储的货币互换网络。这种央行间的货币互换,发生在包括欧洲、澳大利亚、韩国、日本、英国、瑞士等在内的各国和地区之间,涉及公司金融角度的各种贸易结算。这些贸易需要大量欧洲美元,并与美元本身有着千丝万缕的联系,例如当韩国企业从中国企业进口之时,它们用美元支付,并因为世界经济中许多经济体所使用的货币都与美元密切相关,而只面临有限的汇率风险。

前文介绍了现代货币的四种形式,而这些货币的背后都离不开政府与中央银行。在历史上,最初并没有中央银行,货币一度非常依赖于商业银行信用创造,但长期面临金融危机的挑战。尤其在1929年前,单纯银行所创造的信用没法做到"不受任何质疑",常常遭到银行挤兑,许多银行都在金融危机中倒闭。于是美国各州的银行之间可能组成银行联盟,统一地发行同种货币,以使互相之间可以清算,降低挤兑,但仍然没有解决问题。直到1933年存款保险制度的建立和美国央行(美联储)作为最后贷款人在特殊时期为商业银行提供流动性,美国才消除了系统性的银行挤兑，并经历了 1933 年至 2007 年这段“平静期”。随后的 2008 年金融危机则是因为影子银行系统而爆发。

本书进一步基于美联储视角，搭建货币体系与金融体系的全球架构，同时阐述了中央银行对金融体系起到的重要作用。需要注意的是，由于美元的国际货币特征，美联储不仅作为美国的中央银行发挥着重要作用，目前而言，其在世界上的地位同样独一无二。它扮演着“世界的中央银行”这一角色，也是全世界中央银行与美元银行体系的最后担保人。金融危机期间，美联储愿意向外国银行放贷，为离岸美元市场提供支持。美联储的加息或缩表也会通过各类金融管道传导到世界其他国家和地区，波及股票市场、债券市场，也对发展中经济体产生深远影响。庞大的离岸美元体系，增强了美国货币政策对外国经济的影响力，也抬升了全球金融体系的不稳定性风险。然而，恰恰是美联储这种在全球金融体系中的中心地位，为我们提供了观察全球流动性创造的独特视角。

综上，美元在全球市场中的作用不可忽视，而美国强大的金融能力，从根本上离不开其背后设计精巧的制度体系。因此，全球金融领域任何的暗流涌动，甚至刀光剑影，最终都取决于各自制度基础的较量。美国相对完善的法治体系使大众对美元和美国的金融合约有较强的信心，间接地，美元所能购买的商品（如石油和金属等以美元结算的大宗商品）也在实际上成为美元的抵押品，赋予美元在全世界范围内支配流动性的能力。美元的这种制度优势，使得美国能够通过层层抵押与杠杆，低成本地撬动其他经济体的资源，从而为美国金融体系源源不断地创造流动性，由此掀起的金融浪潮也如惊涛骇浪一般，不时冲击着全球金融与实体经济。

02/ 全球金融体系及其新变化

过去几十年，我们共同见证了全球金融体系及其制度基础的历史演变。本书对这些演变进行了及时而全面的刻画与探讨，在此，我们先简要呈现一些最主要的变化，以飨读者。

现代货币政策框架

“大浪淘沙沙去尽，沙尽之时见真金。”在世界金融浪潮的拍打之下，一个对于货币政策框架的最新理解——现代货币政策框架也逐渐成形，水落石出。现代货币政策框架将货币政策与抵押品之间的逻辑紧密联系，由此诞生出了许多创新型货币政策。

以2008年金融危机为分水岭，危机之前，美联储主要采用的是价格型货币政策框架，即重点关注价格变量——利率，通过调整美国的央行准备金以干预市场利率，从而调控社会流动性水平。随着危机时期的量化宽松（QE）政策陆续出台，原体系中很稀缺的准备金在危机后逐渐增多，从而使准备金需求曲线由向下倾斜的形状转变为更加水平的形状。除此之外，短期政策利率的不断下降以致触及零下限，也使得价格型货币政策逐渐失灵。于是，美联储开始寻求新的数量型货币政策框架。与此同时，美国的政策界也日益意识到作为流动性之源——抵押品的重要性。因此，危机之后，数量维度取代从前的价格维度，成为货币政策新的更重要的操作工具，并且越来越受到西方国家的青睐。以美联储为例，基于长期资产的抵押品效应，通过回购与逆回购，实施量化宽松的货币政策，以达到降低长期利率水平、促进经济增长的政策目标，准备金和银行存款的增加则是其必要的副产品。与数量型货币政策相辅相成的是《巴塞尔协议Ⅲ》等新监管规则的诞生。这些监管规则聚焦于金融机构的杠杆行为以及资产端的高质量流动性资产（HQLA）的持有情况，同样将数量维度作为其关注的重心。不仅如此，《巴塞尔协议Ⅲ》还提高了对国债的要求，强调高质量流动性资产，使国债整体变得更加稀缺。国债正是资产负债表资产端的重要抵押品。美联储以这种抵押品思想为基础，实施扩表或者缩表，包括到期时不展期的被动型政策，也包括主动抛售等在内的主动型政策。从根本上看，现代货币政策框架开始更加关注资产负债表，尤其重视资产端的抵押品。作为“世界的中央银行”的美联储，也已从原先体系中的最后贷款人，转变为如今的做市商（dealer of last resort）角色。

然而，天下没有免费的午餐，对货币市场的监管在实际上增加了流动性创造的难度。在金融危机之后，《巴塞尔协议Ⅲ》等对于货币市场的监管规则强调具有安全性的高质量流动性资产，限制私人市场的抵押品，导致金融市场融资成本上升，流动性创造变困难，从而在整体上可能导致金融市场运行的低效——这是金融体系所付出的代价。此外，这些监管也伴随着另一个副作用——安全资产变得更加关键，而国债正如前文所述是一种重要的安全资产——因此，在国债市场出现任何风吹草动之时，这些涟漪将很容易沿着水面传播开来，不断交融、放大，可能致使在金融体系内发生其他连锁问题。

全球经济虽波诡云谲，与国际货币体系相适应的新的货币政策框架日渐成形。美联储的调控力显然已经超越了美国国界，通过货币互换等多种渠道为全世界提供着流动性，展现出了美国货币政策向全球延伸的巨大影响力。其中，美国国债是最重要的流动性之源，具有很强的流动性，在世界范围内被广泛接受。美国财政部以国债形式创造货币，为机构投资者提供了一种储存大额资金的方式；美联储喜欢通过购买国债来实施量化宽松的货币政策。我们可以看到这样一条路径：央行创造货币，而后政府用这些钱直接补贴居民。这一点有助于我们厘清财政政策和货币政策之间的关系。

理解现代经济体通货膨胀的一个重要视角也离不开国债。美国通货膨胀的原因之一与政府发行过多国债，而政府又直接用其补贴居民有关。事实上，国债和央行创造的货币是一种外部货币（outside money），这有别于商业银行创造的内部货币（inside money），前者能够导致通货膨胀而后者则不会。相较而言，商业银行虽然也能够进行信用创造，但其资产负债表两端要相互匹配，并且与实体经济联系起来，从而使得它创造的信用不会导致通货膨胀。比如银行借钱给苹果公司，而后苹果公司会生产苹果手机。如果商品和服务是通过美联储直接印钞补贴居民而得以被购买，这种信用创造则会引发通货膨胀。

"他山之石，可以攻玉"，本书给我们的最大启发在于，中国的货币政策框架正面临挑战，各界必须重新审时度势，有所作为。一方面，利率是重要的宏观经济变量，利率市场化是经济和金融领域最核心的改革之一。改革开放以来，中国一直在稳步推进利率市场化，建立健全由市场供求决定的利率形成机制，中国人民银行也逐步构建并完善了自己的货币政策工具箱以引导市场利率。经过近30年的持续努力，中国已经形成了短期货币市场中以常备借款利率（SLF）为上界、央行对金融机构存款利率为下界、以逆回购利率（RD007）为目标利率的短期政策利率和利率走廊机制，并在中期和长期分别通过中期借贷便利（MLF）和贷款市场报价利率（LPR）对市场利率发挥方向性和指导性作用，而其中大多数工具都是基于作为抵押品的特定资产。总的来说，中国已经基本形成了基于回购交易或抵押品的数量型货币政策框架，这与美国货币政策框架的变动基本一致。从全球金融体系的角度看，如今货币体系要求有更安全的高质量流动性资产，使得安全的抵押品更加稀缺，因此新的体系在提高系统安全性的同时，也会伴随金融体系流动性创造成本的提高，而影响金融市场的效率。另一方面，从基础货币创造的角度看，2014年前，中国的货币创造中超过90%的基础货币发行是基于外汇占款；此后，中国人民银行启用了新的货币政策来代替外汇占款发行货币，开始接受国内的公司债、国债等来创造基础货币。中国货币政策体系如何重构、中国国债扮演何种角色、如何以中国国债为抵押创造货币，这些都是非常值得思考的话题；而这本书中的美国经验，为我们提供了思考与探索的方向。

抵押品逻辑：影子银行与回购市场

随着数量维度逐渐成为中央银行货币政策关注的焦点，在全球金融市场尤其是货币市场中，抵押品的流动性创造功能亦愈发重要。在抵押品框架之下，各种工具将不同市场参与者相互连接在一起。例如，中央银行实施的资产购买计划和逆回购，金融机构间的回购与主经纪商业务等交易形式。此外，国际金融市场中的外汇掉期业务作为外汇交易的主导方式，本质上也是一种国际版的回购，它用本币作为抵押品借外币，无疑也是一种对抵押品逻辑的运用。

“抵押品”是现代货币体系与金融大厦的基础，已成为理解全球金融市场和经济运行的重要视角。任何经济体都需要足够的抵押品以维持其正常运行。在这些抵押品中，有一部分比如国债等，可以由政府来提供；而另外一些，比如企业现金、回购协议以及银行信贷，则可以由私人部门提供。新兴市场经济体和发展中经济体往往面临相对而言更为严重的抵押品短缺问题，因此，它们通常会持有大量美国国债以及 AAA 级安全资产作为抵押品。正如前文已提及的，国债作为机构的“货币”，可以作为一种安全资产，提供给金融相对不发达的经济体。这些经济体以及其银行希望持有更安全的债，而美国国债就是一种理想选择。一般意义上讲，若某一经济体抵押品不足，它可以在国际金融市场购买其他经济体“生产”的抵押品。事实上，安全资产（抵押品）短缺正是近 20 多年全球宏观经济的重要问题。

面对抵押品短缺的金融体系，美国证券化市场和影子银行系统蓬勃发展——崛起的影子银行为全球经济带来了更多的安全资产，以满足世界各经济体尤其是金融不发达的经济体对于金融资产的巨大需求。正是由于美国国债的稀缺性，为了填补安全资产的空缺，私人部门开始创造并提供安全资产，而这使得影子银行成为现代金融体系中不可忽视的部分。

影子银行作为非银行金融机构的主要载体，通过回购市场、正式金融体系与美联储建立起千丝万缕的联系。影子银行资产结构复杂，嵌套程度高，是金融体系中的中介而非货币创造者，它的基础商业模式是利用短期贷款去投资长期资产。影子银行涵盖了大量不同类型的金融机构，包括一级交易商、货币市场基金、交易所交易基金、住房抵押贷款性房地产投资信托基金、私募投资基金和证券化工具等。

然而，2008年美国爆发的金融危机正是源于雷曼兄弟倒闭所引发的影子银行挤兑；在历史长河之中，这次金融危机可以看作私人部门“制造”安全资产所经受的一次挫折。尽管如此，影子银行的影响依然持续存在并值得关注。

不仅是影子银行，各类非银行机构在金融稳定方面的重要性也正越发受到全世界的重视。包括公募基金、养老金在内的这些非银行机构，正面临像银行挤兑一样的赎回问题，如2022年9月底英国爆发的养老金爆仓危机等。由于债券市场价格下跌，市场中抵押品面临赎回，并形成正反馈；这在短期内造成流动性紧张局面，并引发市场挤兑。许多现实问题，在本质上都可以通过抵押品框架得到解释。

此外，回购市场也为我们理解抵押品逻辑提供了例子。在当下的金融体系中，回购市场与外汇掉期市场共同成为有抵押的货币市场的主要部分。回购市场规模庞大，且对于现代金融体系至关重要。美联储通过回购和逆回购便利工具，成为回购市场上的活跃借款者和贷款者。很多资产通过回购市场才具有杠杆功能，这些金融产品被用作抵押品在回购市场借款。截至2022年底，在中国银行间货币市场中，回购市场已超过90%。实际上，回购市场就是流动性的深层来源，是低成本杠杆的市场。回购市场中的每种资产通过抵押功能而拥有一定的“货币性”，它们的资产价格中包含着这种货币性或者抵押功能的价值。因此，了解货币市场是了解金融市场的基础，金融市场与货币市场是不能互相割裂的。

抵押品框架提示我们，现代金融体系下的货币市场已经脱离了过去单一的利率维度——抵押品或者说杠杆、折扣率已成为货币市场的关键变量，并在全球金融中愈发重要。这一抵押品维度在2008年金融危机之前是鲜为人知的。在2008年，回购市场的流动性蒸发，影子银行发生挤兑，抵押品折扣率成为主要调整维度；以100美元MBS作为抵押品为例，在2008年之前折扣率很低，而在2008年后，折扣率上升至约45%，流动性随之蒸发。

正如华尔街俗语所言："抵押品就是货币。"而回购市场进一步打通了抵押品市场与货币市场之间的联系。抵押品可以通过折扣率渠道，转化为货币。在金融危机时，这些抵押品资产变得信息敏感，这印证了金融危机之后，私人抵押品重要性下降的这一调整。而货币是信息最不敏感的，金融危机后，《巴塞尔协议Ⅲ》对市场流动性提出了更高的数量要求，金融机构将大量美国国债等安全资产封存在其资产负债表当中，进一步加剧了市场中的国债稀缺问题。总体而言，唯有基于抵押品逻辑，方能真正理解现代货币与金融体系。

03/ 关于本书：从美联储视角理解全球货币和金融体系的入门佳作

"潮平两岸阔，风正一帆悬"，抵押品作为流动性之源，逐步演化出的现代金融与制度体系，在世界格局形成的堤岸之间激荡奔涌。湍流之间，新的方向、新的视角得以形成，但许多金融体系新变化都尚未得到主流教科书的总结。非常幸运的是，本书如一缕清风，不仅搭建起了中央银行基础知识的框架，刻画了现代金融市场的运行机理，还提供了现代中央银行以及货币政策运行规律的概括性介绍，助力刚刚踏入金融浪潮的弄潮儿们，见微知著，扬帆远航。

这是一本难得的金融科普读物，语言简洁凝练，深入浅出，风格独特。作者王造博士曾经在纽约联储的公开市场交易室工作多年，并在自己的长期观察中形成了独特的思考与洞见，是少有的真正洞察当今货币和金融体系、并将自己的理解系统成书、与我们分享的人。这本书是作者经验的浓缩，在内容上共分为货币和银行体系、货币市场与资本市场、美联储观察三大部分。作者详细列出资产负债表的各种情形，清楚地展示这个世界经济运行背后的货币机制。本书的架构清晰、系统，读者可以跟随作者的思路，追根溯源，一起解开中央银行与金融体系的深层奥秘。

追根溯源，本书所关注的货币流动性创造与金融体系背后，其实是国家制度。一国制度安排（尤其是法律）会影响各类资产与金融合约的流动性，影响抵押品的创造供给以及被“接受”程度，也影响整个金融大厦的组建、运行与相互协调。本书刻画的“国际货币”美元，正是由世界上最大的经济体、美国强大的军事力量、健全的法律体系以及中央银行（美联储）所共同支持的。金融与货币体系无法离开完善的相关法治建设和国家制度而存在，这从根本上决定了一国是否能够成为全球流动性来源的中心。

具体来看，一国的法律体系会塑造经济体中的抵押品结构，其中的抵押品包括实体经济抵押品（real collateral），分为资产（如房地产）与未来现金流两种；在此基础上，这些抵押品结构会进一步支持而创造出银行贷款、债券等金融合约；这些金融合约进而成为货币市场（回购市场）的金融抵押品（financial collateral），而创造出货币（流动性）。同时，主权国家可以直接创造出国债这种基础性抵押品（也是一种“货币”），其抵押品则是包括国家的税收等方面的国家能力，与一个国家的法治等基础制度也密不可分。可见，法律体系等基础性制度是决定一个国家货币体系、金融结构及其在国际货币和金融体系中的地位的根本因素。

回望过去20余年，中国已经逐渐成长为世界第一的贸易大国，中国货物与服务贸易总额已跃居全球首位；但在国际金融方面，我们仍然有长远的路要走。在21世纪，人民币是否能够成为全球主导货币，中国能否成为一个金融大国？面对这些问题，我们同样需要去追溯流动性之源这一根本性问题。在中国，最近20多年之中，房地产是信用创造和流动性创造最重要的抵押品。然而，中国的抵押品结构过于单一和集中于房地产部门。抵押品局限于与企业内在价值关系不大的土地与房地产，会加剧实体经济对这类资产价格的敏感程度。进而，这些资产价格波动会迅速通过抵押品渠道传递到实体企业，造成企业信贷的扩张或收缩，加剧金融体系的脆弱性和周期性。与欧美等发达金融市场相比，中国以银行信贷为主的间接融资占比过高，以债券市场和股票市场为主的直接融资发展不充分。因此，中国金融体系的结构性矛盾突出，银行贷款对房地产抵押品过度依赖，不仅会制约企业创新，也会催生资产泡沫，积累金融风险，恶化收入分配结构，加剧经济发展的脆弱性。房地产泡沫的本质是一个抵押品稀缺问题。

正如前文所述，中国货币政策框架面临重塑的任务，尤其是要充分发挥国债在其中的作用。在2014年之前的很长一段时间内，中国90%之上的基础货币发行依靠外汇占款(即主要利用美元外汇作抵押发行货币，这在大国中很少见)，使得中国经济存在明显的顺周期倾向：在和美国经济联系密切、GDP增速也较高的时期，货币发行就多。而货币发行的顺周期性，容易导致中国经济过热、泡沫化严重。2014年至今，中国央行的一系列新型货币政策工具已充分体现基于抵押品的货币政策优势。例如，中国央行创设了以MLF等为代表的工具，其创造的基础货币基本上弥补和替代了下降的外汇占款。借助这些工具，中国形成了新的基于抵押品的货币政策框架，以对市场流动性进行引导和调控。但是，由于中国国债市场规模相对中国的GDP而言仍然较低，且中国的国债发行缺乏规律性，没有发挥安全资产的作用，长期来看，基于MLF等的基础货币创造模式可能会在未来面临抵押品不足的问题。并且，中国国债的短缺还可能会刺激市场参与者创造和使用“准安全资产”(比如企业可能会增加可作为合格抵押品的债券发行)，一定程度上增加了金融市场的风险。因此，中国国债的短缺影响着人民币国际化进程。也是因此，为了提升人民币的国际影响力，提高中国金融市场在国际金融市场中的地位，中国应该抓住历史机遇，尽可能建立一套比较好的国债发行体系。

大国兴衰,亦如潮起潮落。金融是国家重要的核心竞争力,而货币是金融体系的流动性之源。中国作为世界第一的贸易大国如何能成为世界第一的金融强国,成为全球的流动性之源,并影响世界的金融和经济大潮,本书也给了我们很多启发。“好风凭借力,扬帆正当时”,相信读者通过作者系统而全面的框架性介绍,能够更好地理解美元主导下的全球流动性创造和全球金融体系,也能更好地理解中国经济和金融的现在和未来。

中文版序

全球货币体系经历了长久的沉睡，虽然不时也伴随着短暂的急剧变化。在过去的一个世纪中，世界体系从以黄金为基础的英镑转变为以黄金为基础的美元，最后转向了基于法定通货的美元。这些转变是破坏性的，反映了在整个时期中不断涌现的政治和经济冲突。两次世界大战和冷战从根本上改变了全球政治秩序，而全球货币体系必然要适应新的政治现实。美元成为新的全球货币体系的基础，并且在过去几十年中一直发挥着这一作用。

美元体系的非凡之处在于它的影响远远超出美国国界，触及世界经济的方方面面。在美国境内外，美元被美国人和世界其他各国人民创造与接受。美元被用于进行大部分全球贸易，绝大多数外汇交易都用美元进行。近三分之一的美元银行系统位于美国境外，其中包括中国各银行持有的 1 万亿美元资产。美元的影响范围之广是其他任何货币都难以企及的。

居于美元体系中心的是管理该体系的美联储。美联储设定美元的短期利率，在危机时期是世界上最后的美元贷款人。美联储的决策沿着美元体系的传导影响着世界各地的投资者和实体经济的参与者。例如，因为世界各国许多公司以美元借贷，所以美元利率的变化直接影响着这些国家的经济状况。因此，各国央行和投资者必须密切关注美联储的决定。这使得美联储成为世界上最重要和最强大的金融机构之一。

美元的主导地位既是美国的一种特权，也是一种限制。美国能够进行大规模赤字支出而明显只遭受有限的副作用，也可以将其货币体系武器化，从根本上切断整个国家与全球贸易的联系。然而，美国如果不积极地参与外国金融市场，将无法控制美国的国内利率。这种权衡对于任何寻求在全球货币体系中发挥更大作用的国家而言，都是必须考虑的众多决策之一。

中国在全球舞台上不断上升的影响力表明，全球货币体系正再次处于变革时期。尽管人民币在全球货币体系中仍然只是不太大的一部分，但是它正在增长，并且有朝一日可能会发挥更大的作用。人民币支付的基础设施和资本市场正在迅速发展，并引起了广泛关注。然而，货币体系的任何改变都必须始于当下，而目前美元的中心地位仍不可小觑。本书将帮助你了解美元体系是如何运作的，并揭开美联储运行的神秘面纱。对于任何渴望了解现今的货币体系并设想明日货币体系的人而言，这些知识是不可或缺的。

前　言

我曾梦想在金融市场工作。遗憾的是，直到在金融危机前夕从哥伦比亚大学法学院毕业，我才拥有这个梦想。当坐在办公室里，第四次重读某一份 200 页的贷款协议时，我意识到周围的世界正在发生变化。道琼斯指数每天剧烈波动几个百分点，主要金融机构危在旦夕，美联储正在以前所未有的方式印钞。当时，我对正在发生的一切并不太了解，但它们令人感到惊险刺激。我很想知道这一切是如何运作的。

我向金融市场中一百多份工作投递过简历，但后危机时代并非加入金融业的最佳时机。每个招聘职位都被新下岗的银行家和交易员的简历塞满（还有相当多的律师正急于摆脱他们乏味的工作）。最终，我回到牛津大学攻读经济学硕士学位，从而转行到金融服务业。幸运的是，得益于我在大学时对数学和经济学的学习，所以这次转行还比较顺利。在从事了一段时间的信贷分析师之后，我成了纽约联储的公开市场交易室的一名交易员。

在交易室工作的那段时间让我瞥见了幕后金融系统真正的运作方式。这是因为交易室有两项非常重要的职责：为政策制定者收集市场情报和执行公开市场操作。

收集市场情报意味着需要与市场参与者就他们如何看待市场进行坦诚对

话。从著名的投资银行到《财富》500强企业的财务主管，再到大型对冲基金，交易室定期与几乎所有主要市场参与者进行交流。此外，交易室本身可以使用美联储通过其监管权力收集到的大量机密数据。这些定性讨论和硬数据都赋予交易室一个理解金融市场的显著优势。

执行公开市场操作意味着执行美国联邦公开市场委员会（The Federal Open Market Committee）决定的货币政策，例如大规模资产购买和外汇掉期操作。2008年和2020年席卷全球市场的金融恐慌，只有在交易室提高操作力度后才得以平复。公开市场操作基本上就是"印"钱，有时候会"印"很多的钱。

我如饥似渴地利用在交易室工作的时间，尽可能多地了解货币体系和更广泛的金融体系。我经常注意到，许多人对货币体系的运作方式并没有非常深刻的理解，就连经验丰富的专业人士也可能如此。例如，美联储在2008年的首次量化宽松（QE）政策操作就让专业投资界陷入了狂热。由于投资者预期恶性通货膨胀即将来临，黄金价格飙升至历史新高；然而，即使是很温和的通货膨胀也没有发生。

这种误解并不奇怪，因为中央银行业务非常复杂。其中充斥着很多相互矛盾的信息，这些信息甚至来自所谓的专家。如果我不曾在交易室工作，我将仍然对货币体系如何运作的许多方面感到很困惑。我犹记得当时坐在律师事务所中，对量化宽松政策和美联储的行动非常感兴趣，但只能根据看似可信人士的文章与博客拼凑出一幅完整的画面。那时，我无法找到更好的资源。

本书旨在讲授中央银行的基础知识，并提供关于金融市场的概述。尽管旨在给予概括性的介绍，但它同时也包括一些专题内容，为基础好的读者提供更深入的洞见。这是一本我在当初刚开始了解货币体系和更广泛的金融体系时希望读到的书，现在它终于诞生了。

我希望你会觉得它有趣，并且有用。

需要说明的是，本书表达的观点仅为我自己的观点，未必代表纽约联储或美联储的立场。

目　录

第一部分　货币和银行体系

第二部分 市 场

第三部分 美联储观察

第一部分　货币和银行体系

第1章 货币的类型

什么是货币(money)？当大部分人提及货币时，脑海中浮现的是政府印刷的长方形纸币，也就是所谓的法定通货(fiat currency)，上面印着历史人物的形象。虽然这是最广为人知的货币形式，但在整个现代金融体系中，它只占货币的很小一部分。打开钱包，回想一下日常生活中你会携带和使用多少通货？如果你和大部分人一样，那么工资会被汇入你的银行账户，而后通过线上支付的方式花掉。银行账户里的这些数字就被称为银行存款，它是一种由商业银行而非政府创造的独立的货币类型。公众概念中的货币绝大部分是银行存款。

实际上，银行存款可以通过任意银行或者 ATM，随时无缝地转化为政府发行的法定通货。但是这两种货币之间存在着巨大差异。银行存款就是银行的"借条"，如果一家银行破产，那么它的"借条"也就变得一文不值。但另一方面，对于美联储(隶属于美国政府)所发行的一张 100 美元纸币，则只要美国这个国家还存在，这张钞票就有价值。银行存款形式下的货币比纸币形式的货币在数量上要多得多。因此，在理论上，一家银行必定会在所有人同时都去银行取款时面临现金(cash)短缺。* 但是这并不成问题，因为当前人们仍认为持有银行存款是安全的。

---

* 前文提及银行存款可以随时地无缝转化为政府发行的法定通货，而此处指出银行(转下页)

这在一定程度上是因为政府为银行储户提供了 25 万美元的联邦存款保险公司(FDIC)存款保险,这使得银行存款对大多数人而言就像法定通货一样安全。

第三种货币形式是中央银行准备金,这是由美联储发行、只有商业银行才能持有的一种特殊货币。①就如同人们的银行存款是从商业银行拿到的“借条”一样,中央银行准备金是商业银行从美联储拿到的“借条”。对于商业银行而言,通货和银行存款准备金可以互换。商业银行可以通过联系美联储,要求装运通货,将其银行存款准备金转换为法定通货。1 000 美元的通货运输会通过该银行在美联储的账户中减少 1 000 美元的准备金来支付。商业银行用银行存款准备金来实现银行间、银行与其他美联储账户间的支付,用通货或银行存款来实现其他支付。

最后一种货币形式是国债,它在本质上也是一种支付利息的货币。就像法定通货和中央银行存款准备金一样,美国国债也由美国政府发行。通过在市场上出售或者作为贷款的抵押品,国债可以被立即转化为银行存款。假设你是大型机构投资者,或者是拥有上亿美元的富人,那么,一方面,由于你并不是一家银行,所以没有资格持有中央银行准备金;另一方面,你把所有钱存放在商业银行中并没有意义,因为这已经远远超过了 FDIC 的保险限额,而把堆积成山的通货放在家里也非明智之举。对你而言,国债就是货币。

在运作良好的金融体系之中,所有类型的货币都可以自由地相互转换。如果某种转换机制出现故障,那么金融系统中就会产生严重的问题。在后面的章节中,我们将详细讨论货币的各种类型,并且举例说明这些转换受阻时会发生的情况。

(接上页)可能面临挤兑。两者似有矛盾,可以从以下角度理解。商业银行从央行获得通货,是提取出在央行的准备金存款。而典型的银行的未兑付存款要远多于其在央行存有的准备金。当储户们预期一家银行资不抵债,试图在银行倒闭之前提取出自己的所有存款时,银行挤兑就会发生。如今,银行挤兑已经不如过去常见,因为政府为一部分存款提供了保险。此外,央行往往会扮演最后贷款人的角色;当银行发生挤兑时,央行向其提供紧急贷款,相应的贷款利率会高于市场利率。——译者注

① 绝大多数的中央银行准备金由商业银行持有,但一些机构也有资格在美联储设立准备金账户。这些机构包括房利美(Fannie Mae)等政府支持机构(GSE)、芝加哥商品交易所(CME)等清算机构、信用合作社和美国财政部。

表 1.1　美国货币类型及其发行者、持有者和发行规模

美国的货币类型	由谁发行	谁可以持有	规　模
法定通货	美国政府	任何人	2 万亿美元
银行存款	商业银行	任何人	15.5 万亿美元（在美国国内）
中央银行准备金	美国政府	商业银行	3 万亿美元
美国国债	美国政府	任何人	20 万亿美元

资料来源：Federal Reserve H.8，U.S. Treasury as of June 2020。

快速入门资产负债表会计

资产负债表概述了银行的资产和负债情况。它以复式记账方式编写，因此每项资产都有对应的负债。它显示了资产是如何融资的。资产是银行拥有的金融工具，如产生现金流的贷款或证券。负债是银行需要偿还的东西，如存款或者债务。无论如何，总资产必须等于总负债加上权益。这意味着银行的资产要么由所有者提供资金(股权)，要么来自别人的借款(负债)。

资产负债表是了解一家银行如何运作的一种好方法。最初，每家银行的负债端是投资者提供的股权，资产端是中央银行准备金和通货。而后，银行增加资产并通过创造存款负债来支付这些资产，从而扩大其资产负债表。例如，银行可以提供 1 000 美元的商业贷款。这将产生资产端 1 000 美元的贷款和负债端 1 000 美元的存款，而银行只需要通过计算机向借款人账户添加 1 000 美元的存款。在下一章，我们将更详细地讨论货币创造是如何运作的。

商业银行资产负债表

资　产	负　债
准备金 +1 000 美元借款	股本 +1 000 美元存款

相同的资产负债表的相同原则适用于中央银行。当美联储购买美国国债或其他资产时，它会通过创造准备金来支付。

中央银行准备金

中央银行准备金是中央银行在购买金融资产或者发放贷款的过程中创造出来的。中央银行是唯一能够创造央行准备金的机构，所以金融体系中的准备金总量完全由中央银行的行为决定。[①]例如，当美联储购买10亿美元的美国国债时，它就创造了10亿美元的央行存款准备金以支付这些债券。无论国债的出售者是商业银行还是非银行机构，上述情况都会发生。如果美联储从一家商业银行购买国债，那么这家商业银行的国债资产就被兑换成央行准备金（见表1.2）。

表1.2　商业银行向美联储出售国债

商业银行的资产负债表

资　产	负　债
-10亿美元国债 +10亿美元准备金	

如果美联储从非商业银行手中购入美国国债，那么情况会略有不同，因为它们没有美联储账户，因此不具有持有央行准备金的资格。如果一家公司向美联储出售了10亿美元的国债，那么出售所得会存入该公司的开户商业银行。美联储将在商业银行的联储账户增加10亿美元的准备金，同时商业银行将在公司的银行账户增加10亿美元。这笔交易结束时，商业银行将拥有10亿美元的中央银行储备资产，这和银行对公司所增加的10亿美元银行存款负债相平衡（见表1.3）。

---

① 商业银行可以将其中央银行准备金转换为法定通货，这将减少中央银行准备金并增加发行在外的法定通货。但在实践中，该层面的活动意义不大，因为如今大量的交易是通过电子进行的，不涉及法定通货。

表 1.3　公司向美联储出售国债

商业银行的资产负债表

资　产	负　债
+10 亿美元准备金	+10 亿美元该公司的存款

公司的资产负债表

资　产	负　债
-10 亿美元国债 +10 亿美元银行存款	

中央银行准备金从不离开美联储的资产负债表，但这些存款准备金每天都会随着商业银行之间的结算而变动。假设公司用这 10 亿美元的一半资金，支付给在另一家银行开户的供应商，那么该公司的银行账户余额将减少 5 亿美元，而供应商的银行账户余额将增加 5 亿美元。在幕后，该公司的银行将向供应商的银行汇入 5 亿美元的央行准备金，供应商的银行再向供应商的账户汇入 5 亿美元的银行存款（见表 1.4）。

表 1.4　公司向供应商支付 5 亿美元

公司的开户银行的资产负债表

资　产	负　债
10 亿美元准备金 -5 亿美元汇入供应商银行的准备金	10 亿美元的公司存款 -5 亿美元的公司存款

公司的资产负债表

资　产	负　债
10 亿美元银行存款 -5 亿美元银行存款 +5 亿美元供应品	

供应商的开户银行的资产负债表

资　产	负　债
+5 亿美元来自公司的开户银行的准备金	+5 亿美元供应商的存款

供应商的资产负债表

资　产	负　债
−5 亿美元出售给公司的供应品 +5 亿美元银行存款	

在 2008 年金融危机之前，美联储在一个准备金稀缺体系（reserve scarcity regime）下实施货币政策。在该制度下，美联储通过微调银行系统中的准备金水平来控制短期利率。那时整个银行系统中只有大约 300 亿美元准备金，而今天有几万亿美元的准备金。随着美联储创造准备金以支付其量化宽松计划，准备金水平显著上升。量化宽松计划试图通过购买长期国债来影响长期利率。美联储现在通过调整支付给银行的超额准备金利率和隔夜逆回购便利工具①的报价利率来控制短期利率。隔夜逆回购便利工具中，参与者可以贷款给美联储。美联储的运作框架会在之后的章节中介绍。

如何分析美联储准备金

中央银行准备金数据每周都会在美联储网站的 H.4.1 板块上发布。下表是对准备金余额的详细说明。

数据显示了准备金在主要储备持有者类型中的总体分布情况。关注第一列显示的截至 2020 年 1 月 15 日的周平均值，你首先会注意到“流通中通货”为约 1.79 万亿美元。这是已转换为通货的准备金的累积量。当商业银行

① 回购贷款或回购协议将在第 6 章讨论。

需要通货时，它们将中央银行准备金交给美联储，美联储派出一辆装有通货的装甲车。这些准备金从根本上消失，并被通货取代。

影响存款机构准备金余额的因素（续表）　　百万美元

储备银行信贷、相关项目和存款机构在美国联邦储备银行的准备金余额	每日数据均值					
	一周期末	自一周期末的变化				星期三
	2020年1月15日		2020年1月8日		2019年1月16日	2020年1月15日
流通中通货(11)	1 797 265	−	7 742	+	90 512	1 795 725
逆回购协议(12)	266 447	−	12 004	+	4 214	260 913
外国官方和国际账户	265 788	−	9 498	+	5 383	260 238
其他	659	−	2 506	−	1 170	675
美国财政部现金持有量	177	+	5	−	46	189
美国联邦储备银行的银行存款，除准备金外	424 014	−	10 541	−	735	449 695
存款机构持有的定期存款	0		0		0	0
美国财政部一般账户	350 987	−	16 015	−	193	380 802
外国官方	5 182		0	−	65	5 181
其他(13)	67 846	+	5 475	−	476	63 712
其他负债和资本(14)	45 028	+	1 860	+	60	44 241
吸收准备金的项目总额，除准备金外	2 532 931	−	28 423	+	94 004	2 550 762
美国联邦储备银行的准备金余额	1 686 801	+	32 715	+	22 663	1 673 362

下一项大指标“外国官方和国际账户”为约 2 650 亿美元。这是外国回购池，它就像外国中央银行的支票账户。外国央行可以选择将美元存入纽约联储，但该交易是作为一种有担保的回购贷款执行的。外国央行并不持有准备金（它持有回购贷款，把钱借给美联储），但是当它将资金从商业银行转移到外国回购池中时，准备金离开银行系统，并进入一个单独的外国回购便利工具的账户。

下一项庞大的指标“美国财政部一般账户”（TGA），为约 3 500 亿美元，它是美国财政部的往来账户。当向美国财政部付款（比如纳税）时，准备金离开商业银行系统，并进入 TGA。指标“其他”中的约 678 亿美元，是房利美等政府支持机构以及芝加哥商品交易所等指定金融市场基础设施（designated financial market utilities）的准备金余额。最后，位于最下面的是商业银行持有的准备金水平，为约 1.68 万亿美元。

银行存款

商业银行在提供贷款或购买金融资产的过程中，会创造银行存款。一个常见的误解是，银行吸收存款，然后把这些存款借给其他人。但银行在发放贷款的时候并非借出存款，而只是凭空创造出了银行存款。[①]这和中央银行创造央行准备金的方式非常相似。中央银行扮演着商业银行的银行这一角色，而商业银行扮演着个人、公司等非银行机构的银行这一角色。

然而，一个很有意义的区别在于，商业银行有很多家，而中央银行只有唯一的一家。因为只有一家中央银行，因此所有的准备金都存在于中央银行的资产负债表上，并随着商业银行之间的互相支付而在不同的联储账户之间转移。从商业银行的角度来看，每家商业银行有自己的资产负债表，并创造自己的存款。因此，存款者可能去提取银行存款，并将其从一家商业银行的资产负债表转移至另一家商业银行的资产负债表上。这种情况一旦发生，一家商业银行必须向另一家商业银行付款，该支付以中央银行准备金的形式进行。

正因为商业银行凭空创造存款，所以它们的存款将远远超过中央银行准备金。事实上，商业银行每天都会收到和支出大量的款项。一天结束时，它们拥有的准备金总量通常不会发生太大变化，所以只需针对其创造的存款持有少量准备金。这被称为部分准备金制度(fractional reserve banking)。如果商业银行的资金流出多于预期，它将总是能够从另一家商业银行或美联储借到准备金来完成支付。

银行存款是最常见的货币形式，但同时也是最不安全的。它们由私营部门

---

① 更多细节请参见 McLeay, Michael, Amar Radia, and Ryland Thomas, 2014, “Money Creation in the Modern Economy”, Quarterly Bulletin, Bank of England, Q1 2014。

创造，所以并非没有风险。当银行有太多坏账并失去偿付能力，就会发生银行业危机。当这种情况发生时，银行的存款就不能按票面价值兑换成通货，所以100 美元的存款无法转换为 100 美元的通货，因为存款人也分担贷款损失。存款人将感到恐慌，同时设法提取存款，从而加速了银行的倒闭。在 19 世纪的“野猫银行”（wildcat banking）时代，没有统一的通货，所以每家商业银行都创造自己的存款，并印刷自己的纸币货币（banking currency）。当时银行过于频繁地倒闭，以至于每家银行发行的纸币只能以低于面值的折扣被接受，以反映违约风险。

自那时起，美国政府就已经在降低银行业危机风险方面取得了许多进步，包括银行存款担保、加强银行监管，以及通过美联储贴现窗口向银行提供紧急贷款。这些方法在本质上都使银行存款面临更低的风险，并且具有“货币性”（money-like），可与央行准备金或纸币现金相媲美。事实上，25 万美元的 FDIC 存款保险完全覆盖了绝大多数存款者的存款额。对于这些人而言，银行存款是无风险的货币形式。

中央银行数字货币

中央银行数字货币（CBDC）是央行界越来越热门的话题，至少几乎所有主要中央银行都在研究这个想法。CBDC 本质上允许每个人在中央银行拥有一个账户。除了在商业银行持有银行存款外，公众还可以选择在中央银行持有类似于准备金的东西。CBDC 有可能会取代实物货币和银行存款。

安全和效率是 CBDC 被宣扬的核心优势。非银行机构可以在中央银行持有无风险存款，而无需承担商业银行存款的信用风险。支付会更快捷，因为每个人都将在中央银行拥有一个账户，因此资金只需在不同的 CBDC 账户之间简单地转移，而不再需要在银行间支付。

实际上,CBDC的这些所谓好处还只是表层的。政府存款保险已经使银行存款变得安全,并且今天的电子支付已经是即时且非常低成本的。CBDC的真正目的是作为政策工具去实施财政和货币政策。

CBDC使政府基本上完全控制货币体系。政府会确切地知道每个人有多少钱,以及他们把钱转给了谁。它们可以自由借记或贷记任何人的CBDC账户,可以任意降低或提高任何人的CBDC账户的利率。而目前,所有这些权力都属于民营商业银行。

在CBDC下,逃税和洗钱是不可能的,政府可以通过直接向人们提供资金来操纵支出,还可以直接从人们那里拿走钱作为惩罚。如果其模型表明5%的负利率会刺激经济,那么政府可以立即将这个利率应用于每个人,甚至只需单击一下就可以选择性地应用于特定人群。政府喜欢CBDC,因为其显著扩大了政府权力。

但对个人而言,CBDC将面临隐私等方面的历史性挑战。

国债

国债是政府发行的无抵押债务,是金融体系中占主导的货币形式,因为它们安全、流动性强,而且被广泛接受。和银行存款不同,国债没有风险,因为它们由政府完全担保。和央行准备金不同,它们可以被任何人持有。和法定通货不同,它们支付利息,并且可以通过电子方式传送到世界各地。尽管散户投资者可能倾向于以银行存款的形式持有大部分资金,但一个机构投资者可能会为持有大部分资金而使用国债。国债在本质上就是为大投资者而存在的货币。

注意,国债的"货币性"程度和其他类型的货币之间存在差异。100美元的银行存款、100美元的央行准备金和100美元的通货将始终具有100美元的名义价值。但是，去购买价值 100 美元的国债，其价格可能会随着市场价格而波动。越长期的国债对通货膨胀和利率的预期变化越敏感，因此其市场价值波动最为剧烈，相反，较短期的国债的市值波动则很小。持有至到期时，这些价值波动无关紧要，但如果在到期日之前出售，这将会决定盈亏。

国债给投资者提供了储存大额资金的简便方式。投资者不能使用国债来购买商品，但可以通过出售国债或者以其为抵押获得贷款，轻松地将国债转换为银行存款。美国国债现货市场和回购贷款市场的流动性非常强，在全球所有金融中心全天候运转。事实上，投资者并不是用他们手上的国债来购买实体经济的物品，而是进行其他投资。为此，投资者可以在他们的经纪商那里以国债为抵押购买金融资产。本质上，投资者可以用国债来购买股票或债券等金融资产。

美国国债是美国财政部创造货币的途径。当美国财政部向投资者发行 100 美元美国国债时，投资者以 100 美元的银行存款换取了 100 美元的美国国债。从投资者的角度来看，他们只是简单地把通货从一种形式转变为另一种形式。而从美国财政部的角度来看，它能够通过支付由其创造的美国国债，来从实体经济中购买商品和服务。厘清支付链有助于说明这一点。

在购买国债后，投资者的银行存款将减少 100 美元，而他的开户商业银行将代表他向美联储转去 100 美元的央行准备金，以完成这笔支付。注意，美国财政部在美联储中有一个账户，所以它也可以拥有央行准备金。当美国财政部花费了借入的 100 美元，则这 100 美元的央行准备金将重新进入商业银行体系之中。比如，假设美国财政部用这 100 美元支付医生的医疗保险费用，那么这名医生的商业银行将会收到来自美国财政部的 100 美元央行准备金，该商业银行再转而向该医生的银行账户中增加 100 美元的银行存款。最终，银行系统中的银行存款和央行准备金数量没有改变，但是发行在外的美国国债增加了 100 美元。投资者可以用这 100 美元的美国国债来购买其他金融资产，也可以出售这些国债换取银行存款来购买实体经济商品。

表 1.5　美国财政部发行 100 美元的美国国债，而后将这笔钱用于支付医疗保险

美国财政部的资产负债表

资　产	负　债
+100 美元准备金	+100 美元美国国债负债
-100 美元准备金	-100 美元医疗保险支付

银行系统的资产负债表

资　产	负　债
-100 美元用于支付美国国债的购买的准备金	-100 美元用于购买美国国债的投资者存款
+100 美元用于支付医疗保险的准备金	+100 美元医疗保险服务的医生存款

投资者的资产负债表

资　产	负　债
-100 美元银行存款	
+100 美元美国国债	

医生的资产负债表

资　产	负　债
-100 美元应收账款	
+100 美元银行存款	

在美国，除国债之外，还有许多其他由政府发行的债券，它们拥有不同程度的“货币性”。排在国债后面的流动性最强、最为安全的资产是政府支持机构住房抵押贷款支持证券（agency residential mortgage-backed securities，Agency RMBS）。这些是由政府担保的住房抵押贷款支持证券（MBS）。尽管它们无风险且被活跃地交易，但其流动性较低于国债。美联储更喜欢通过购买国债来实施货币政策，但也会在量化宽松的过程中积极地购买政府支持机构 MBS。

当国债市场崩溃时

世界各地的投资者都希望能够持有国债，并能易于将其转换为银行存款，然后用于支付。这类似于每个人都期望能够去ATM将他们的银行存款兑换成货币。如果有一天所有的ATM都显示“不可用”的标识，那么公众会感到恐慌。这基本上就是2020年3月美国新冠肺炎疫情暴发初期的金融恐慌期间，美国国债市场上发生的事情。

2020年3月，全世界的人们都感到惊恐，并想持有美元。投资者从他们的投资基金中撤出，外国人出售本国货币以换取美元。为了满足这些提款需求，投资基金和外国中央银行出售美国国债，仿佛正从ATM上提款。但它们发现在这种情况下，只能以相当低的折扣价出售美国国债。ATM坏掉了。

当机构投资者出售其证券时，他们会致电交易商并希望交易商报价。交易商通常会购买证券，持有它，而后将其卖给另一名投资者，从而赚取差价。2020年3月，大量投资者致电其交易商，要求出售证券。借钱投资抵押贷款的抵押贷款型房地产投资信托基金（mortgage REITs或mREITs），出售大量政府支持机构MBS以偿还这些贷款。公司债交易型开放式指数基金（ETF）试图出售其债券，以满足投资者的撤资需求。出于同样的原因，优先型货币市场基金试图出售其持有的商业票据。大量证券突然涌入交易商，达到了证券持有量的监管上限。

在2008年金融危机中，交易商出现挤兑，这是因为投资者由于担心交易商的财务状况而拒绝向交易商提供贷款。这使得交易商为了偿还现有贷款而以低价清算其持有的证券，加剧了金融恐慌。对此，监管机构出台了新的规则，使交易商持有大量库存的证券变得更加困难，同时持有风险较高的证券也面临更高成本。这些规定改善了交易商的财务状况，但在2020年3月，它们却限制了交易商从客户处购买证券。交易商达到了他们的库存限制，哪怕是安全的国债也无法再购买。

投资者对金融市场正在发生的混乱有所察觉，但仍惊讶于他们突然甚至不能出售美国国债。这导致了一场巨大的恐慌，一切可以出售的东西都被出售了。所有金融市场都崩溃了。直到美联储干预之后，市场才平静下来。

针对交易商的资产负债表限制，美联储做了三件事。第一，美联储允许银行控股公司，暂缓执行某些限制其资产负债表规模的规定。第二，他们开辟了一个新的针对外国的回购便利工具(foreign repo facility)，允许外国中央银行在不出售美国国债的前提下获得美元。第三，美联储重启了大规模的量化宽松。第四，同时也是稳定市场的关键：短短几周，美联储从交易商处购买了近2万亿美元的美国国债和政府支持机构MBS。这些购买为交易商清理了大量证券库存，使交易商能够重新从客户那里购买证券。这恢复了美国国债的“货币性”，并明显有助于稳定更广阔的市场。

法定通货

尽管这个术语可能听起来陌生，但法定通货作为最常见的货币形式，不需要太多的介绍。通货由政府印刷和担保。储户可以去商业银行或者ATM，把他们的银行存款兑换为通货。反过来，商业银行通过持有足够多的通货，确保银行存款可以顺畅转换为法定通货。需要更多通货的商业银行，可以通过致电美联储来将其央行准备金转换为通货。美联储随时准备派出满载通货的有安保的车辆来满足商业银行的需求。

相较于其他货币形式，通货有一个显著的优势——它位于金融体系之外。就像金银一样，通货以物理形式存在，无论谁持有它，它的价值都被接受。政府控制着金融体系中的一切，因为它拥有高于中央银行和商业银行的权力。某些触犯法律的人可能没有资格触及金融体系，但是他们仍然可以使用藏在床垫下的通货。所有其他形式的货币，在本质上都只是电脑屏幕上的一串数字。事实上，一些证据表明，大量的百元美钞在很大程度上被那些希望避开政府审查的人当作一种储存价值的手段。

大多数通货实际上被国外持有

尽管电子支付越来越受欢迎，但美国流通中的通货总量在近年来稳步增长至2020年的20万亿美元左右。有趣的是，100美元的钞票是流通中最常见的钞票。流通中的100美元钞票有150亿张，而1美元钞票和20美元钞票分别只有130亿张和115亿张。从美元价值的角度来看，流通着的2万亿美元中，约有80%是以100美元钞票形式持有的。

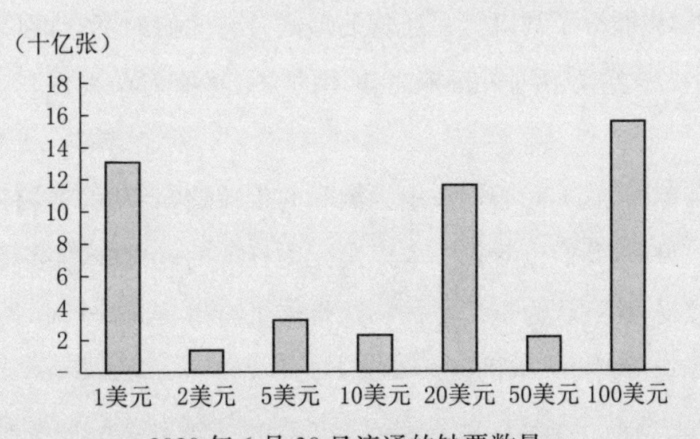

2020年6月30日流通的钞票数量

资料来源：美国财政部公告，2020年9月。

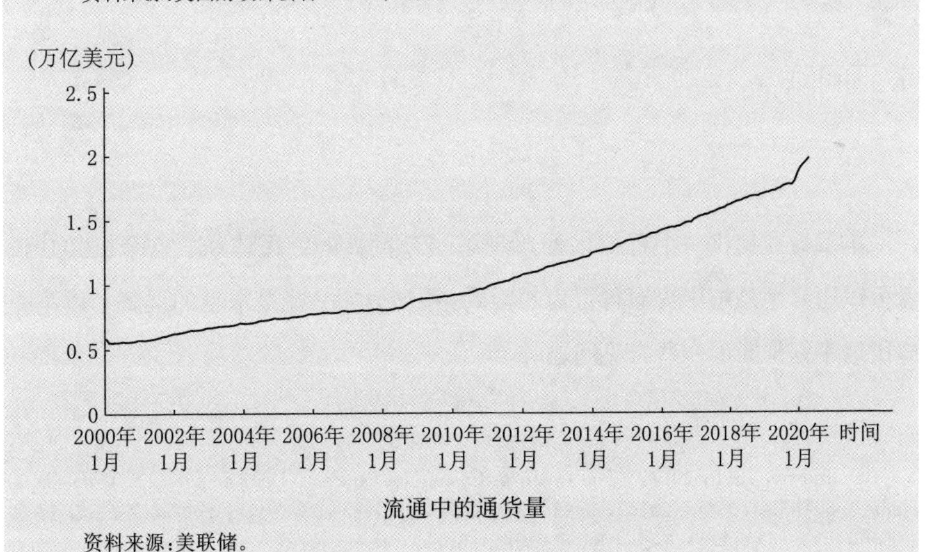

流通中的通货量

资料来源：美联储。

尽管有大量流通中的100美元钞票，但大多数美国人在日常生活中很少使用或看到100美元钞票。相反，他们经常看到并使用20美元或面值更小的钞票。研究表明，这是因为大部分的100美元钞票都被国外持有。①

一些理由可以解释为何这么多美元通货被国外持有。阿根廷等发展中国家的富人，通常更喜欢将部分财富以美元等主要货币存储。这是因为一些发展中国家往往治理不善，有着高达两位数的通货膨胀率。事实上，像萨尔瓦多等一些发展中国家，完全放弃了货币政策的控制权，而将美元作为官方通货。此外，犯罪分子常以美元通货的形式持有他们的资产，因为其易于运输且难以追踪。警方在对外国贩毒集团的突袭中有时会发现高达数亿的美元通货。

在全球范围内，美元通货被视为国际的价值储存手段，正如金本位时代中的黄金。目前，我们生活在一个以美元为标准的世界中，美元在世界范围内被广泛接受，并被认为是安全的。这带来了离岸美元银行业务的繁荣，也带来了美元货币离岸需求的激增。

常见问题

本章旨在提供一个框架以便于理解当今世界的货币体系。这个框架让读者可以更好地理解中央银行行为的影响，并且消除一些最常见的误解。以下是应用这个框架时的一些常见问题。

---

① Judson, Ruth, 2017, "The Death of Cash? Not So Fast: Demand for U.S. Currency at Home and Abroad, 1990—2016", In *International Cash Conference 2017—War on Cash: Is There a Future for Cash?* Deutsche Bundesbank, https://econpapers.repec.org/paper/zbwiccp17/162910.htm.

为什么银行不贷出其准备金?

最初推出量化宽松的时候,很多市场评论员观察到商业银行的准备金总体水平呈爆炸式增长,他们想知道为什么银行不“贷出准备金”。正如前面所讨论的,央行准备金只能够被商业银行持有,并且从来不可以离开美联储的资产负债表。银行持有的央行准备金水平由美联储的行为来决定,不受商业银行的贷款总额影响。事实上,商业银行在发放贷款时并不受限于其准备金水平,因为它们总是能够出去借到准备金。

商业银行的贷款限制要么是监管性的,要么是出于商业状况。商业银行受到大量规则的严格管制,这些规则限制着资产负债表规模、资产质量和债务结构。它们使银行系统更加安全,但是也限制了可用贷款额度。商业银行也只在能够获利时才对放贷感兴趣,而在经济衰退期时违约的可能性较高,能够获利的借款人更加难找。这就是 2008 年金融危机所带来的情形。

股票市场是否会因为大量的现金在场外观望而飙升?

有时评论员们会关注银行系统中的存款水平,并认为当所有资金被花光时,金融资产的价格将会暴涨。

正如央行准备金水平由美联储决定,银行系统中的银行存款水平在很大程度上由商业银行的集体行动决定。[①]银行存款在商业银行购买资产或发放贷款时被创造,并在贷款或资产被偿付时消失。因此,银行存款水平在很大程度上

① 这也部分取决于中央银行的行动,其准备金的增加也会增加银行存款。

是银行系统贷款水平的指标。

当投资者用银行存款购买了股票或债券时,他们的银行存款最终会进入那个出售股票或债券之人的银行账户。银行系统中的银行存款总额不会发生改变。这些银行存款本质上是在商业银行体系中的各处重新配置,但它们不会增加或减少。无论银行存款总体水平是高还是低,大额投资都有可能发生。

第 2 章　货币创造者

本章中，我们将深入探讨美国的三类货币创造者：美联储、商业银行和美国财政部。

美联储

美联储肩负着双重使命：充分就业和稳定物价。实际上，美联储不知道什么水平的失业率对应着充分就业，而且已经十多年没能稳定地实现 2%的通胀目标。美联储在通货膨胀方面的经验，与日本央行（BOJ）和欧洲央行（ECB）等其他主要央行的经验没有太大差异。这些央行在过去十年里大胆尝试，但是始终未能达到通胀目标。美联储为其双重使命所做的努力，也逐步丰富了其政策工具箱，并采取了包括大规模印钞在内的非常规货币政策。

美联储从利率的角度思考经济，利率是美联储完成使命的主要工具。[①]在美

---

① Powell, Jerome, 2018, "Monetary Policy in a Changing Economy", Speech, August 24, https://www.federalreserve.gov/newsevents/speech/powell20180824a.htm.

联储的眼中有一种东西叫做 r^*，这是一个中性利率，在该利率水平下经济既不扩张也不收缩。当利率低于 r^*，经济扩张，通货膨胀加剧，失业率下降。当利率高于 r^*，经济放缓，通胀率下降，失业率上升。由于 r^* 随着时间不断变化，美联储聘用了一群经济学博士来确定 r^* 的当前水平，然后着手调整利率水平以完成美联储的使命。美联储印钞是其进一步控制长期利率的一种努力。

当经济陷入困境、其模型显示 r^* 当前处于极低甚至负数时，美联储将不遗余力地把利率降至 r^* 以下，以刺激经济增长。它首先会将隔夜利率目标降至零，然后通过购买大量长期国债来降低长期利率，这将提高美国国债的价格，并相应地降低其收益率。长期国债对隔夜利率的变化不太敏感，因此美联储尝试通过量化宽松来间接地影响它们。

公开市场交易室

公开市场交易室（The Open Markets Desk，或简称交易室）是美联储的交易部门。它主要负责两件事：执行如量化宽松等公开市场操作，以及收集市场情报。

公开市场交易室通过广泛的交际网络收集市场情报。其主要的联系对象是一级交易商，后者有义务将与公开市场交易室对话作为职责的一部分。其次，公开市场交易室与商业银行、政府支持机构、对冲基金、养老基金、企业财务主管和小型交易商都有交流。一般来说，金融市场中最重要的参与者都会与公开市场交易室建立联系。这些次要联系对象没有义务像一级交易商那样与公开市场交易室沟通，但他们通常很愿意维护与公开市场交易室的关系。他们明白这些对话是保密的，并乐于帮助美联储开展工作。

公开市场交易室收集的市场情报通过简短的研究纪要和每日的更新在美联储系统中传播。交易室每日都会根据其在彭博上看到的和从市场联系人处收集到的信息，就金融市场的发展召开每日早间电话会议。电话会议是在交易室的简报室中召开的，这是一间大会议室，一张长木桌摆放在中间，靠墙有许多座位。整个美联储系统的官员都被邀请拨入电话。在市场面临压力时，美联储最高级别的官员将出席电话会议。电话会议后会设置问答环节，政策制定者继续提问，而坐在简报室中的主题专家提供充分的解答。

除了每日简报外，公开市场交易室的主题专家还会定期发布有关其专业领域发展的研究报告。这些内部发布的报告基于美联储的机密数据和市场情报。

在运营方面，公开市场交易室是按资产类别进行组织的，就像任何其他交易大厅一样。主要资产类别包括国债、住房抵押贷款和货币市场基金（MMF）。在每个团队中交易员轮岗运作，他们每周承担不同的运营职责，有时会在某一周不参与轮岗以专注于研究工作。这在某种程度上是为了确保每个人都知道如何进行各项操作，也在一定程度上为了防止员工感到过于枯燥。某一周，交易员可能在执行交易室的逆回购操作，而在下一周他们可能又早早起床去发布交易室的基准参考利率。

美联储在实施量化宽松时，会正式公布其将要购买的资产的数量、购买的节奏和类型，但它事先并不知道市场会如何反应。这是可以理解的，市场反应很难得到预测，因为哪些信息已经被市场价格充分反映是并不清楚的。美联储将依据内部模型来确定其计划规模，并通过对广泛的市场参与者进行调研，来试着确定市场预期。之后，美联储将持续调整该计划，时刻警惕潜在的副作用，例如购买过多的特定证券以致损害了正常的市场运作。

当美联储购买金融资产时，它通过创造银行准备金来支付。非银行机构不能持有准备金，因为它们在美联储没有账户。当从非银行投资者那里购买金融资产时，美联储会将这笔钱以准备金的形式转给投资者的商业银行。然后商业银行贷记投资者的银行账户。在这个例子中，商业银行扮演着美联储与投资者之间的中介角色，因为投资者不能持有准备金。美联储购买资产的行为提高了系统中的央行准备金水平，并增加了商业银行存款。

美联储量化宽松的目标是降低长期利率水平，而准备金和银行存款的增加是必然的副产品。学术模型表明，量化宽松可以有效降低利率，也确实有助于刺激通货膨胀。①然而，美联储、日本央行与欧洲央行的经验都表明，大规模的量化宽松政策，至少该政策本身并不足以持续推高通货膨胀。十多年来，三大主要中央银行都难以实现其通胀目标，但它们仍然相信量化宽松的有效性。

量化宽松似乎会抬高金融资产的价格，但是并不一定可以刺激经济活动。它本质上是将国债转化为银行存款和准备金，因此商业银行整体不得不以央行准备金的形式持有更多货币，而非银行整体不得不以银行存款的形式持有更多货币。当经济体中的需求超过供给，就会发生通货膨胀，而以国债形式持有的货币不太可能在实体经济中被使用。非银行机构被迫用美国国债换取银行存款后，可以用银行存款换来收益更高的公司债，或用于股权投资投机。投资选择方面受监管约束的银行，可能用准备金换取更高收益的政府支持机构 MBS。这一在非银行机构和银行之间的资产组合再平衡推高了资产价格。

中央银行可以实施的量化宽松规模似乎没有上限。尽管美联储已经购买了数万亿美元的资产，但这仅仅占美国 GDP 的一小部分。日本央行购买的资产总计已经超过了日本 GDP 的 100%，并且没有表现出任何金融不稳定或通货走软的信号。然而，日本央行大规模持有政府债券已经严重破坏了日本的债券市场。日本的债券市场似乎只反映了日本政策制定者的指令，而没有反映根本的经济状况。在一些交易日中，日本政府债券甚至是零交易。②

---

① Engen, Eric, Thomas Laubach, and Dave Reifschneider, 2015, "The Macroeconomic Effects of the Federal Reserve's Unconventional Monetary Policies", Finance and Economics Discussion Series 2015-005, Washington: Board of Governors of the Federal Reserve System, http://dx.doi.org/10.17016/FEDS.2015.005.

② Anstey, Chris, and Hidenori Yamanaka, 2018, "Not a Single Japanese 10-Year Bond Traded Tuesday", *Bloomberg*, March 13, https://www.bloomberg.com/news/articles/2018-03-14/not-a-single-japanese-10-year-bond-traded-tuesday-death-by-boj.

中央银行家社群

国际中央银行社群联系惊人地紧密，它们频繁召开会议，甚至持续进行员工交换。当然，这仅限于关系友好的国家。每个主要中央银行——欧洲央行、日本央行和英国央行——以及其他较小的中央银行通常都有一名借调人员。这些借调人员会临时加入美联储公开市场交易室一到两年，其间，他们被赋予与美国员工相同的职责和安全许可。他们普遍都能力一流，与他们一起工作很愉快。他们在返回本国中央银行之后，通常得到很大晋升。

更正式地，一些中央银行每月会就金融市场的发展召开电话会议。通常，日本央行、英国央行、欧洲央行、瑞士央行和加拿大央行都将与会。在电话会议期间，每家银行的工作人员都会针对本国金融市场的发展作简要的更新，并解答问题。美联储公开市场交易室与日本央行的关系尤为密切，很乐于与日本央行工作人员日常地开会探讨市场的发展。

美联储公开市场交易室还定期与欧洲央行和日本央行在东京、法兰克福和纽约轮流召开正式的高层会议。

商业银行

商业银行是一种特殊的业务类型，拥有政府认可的创造货币的特许权。几乎公众使用的所有资金都由商业银行创造。这种货币创造能力，使商业银行成为经济中不可或缺的一部分；当它们创造的货币越多时，经济增长也越快。商业银行的基础业务模式是赚取其资产和债务的利差。商业银行持有的资产通常是其发放的贷款，包括抵押贷款、商业贷款和消费贷款。而其投资通常是高质量的有价证券，如国债或者政府支持机构 MBS。

在负债端，商业银行的大部分债务是零售存款，即个人的银行存款。其他负债还包括机构投资者的大额存款，如货币市场基金。零售存款获得的利息很少，而大额存款则趋于赚取市场利率。这是因为零售储户往往对利息不太敏感，这意味着即使没有利息，他们也会将存款存放在银行。相反，机构投资者对利率非常敏感，并很乐意取出他们的存款，再在别的地方赚取更高的利息。商业银行偏好拥有更多的零售存款，因为这些零售存款降低了它们的利息成本，而且是更稳定的。机构投资者很可能在市场出现问题的第一时间就提取存款，使得依赖这些存款的商业银行争先恐后地筹集资金。

商业银行听上去像是一个可以发放贷款、创造存款，并且看着利息收入滚滚而来的好业务。但在这背后，还需要许多工作以使其顺利运行。商业银行面对两个基本问题：偿付能力和流动性。偿付能力确保银行创造的银行存款有可靠的贷款背书，而流动性确保这些存款能够顺畅转换为其他商业银行的存款或者法定通货。

在最好的情况下，商业银行向借款人发放贷款，借款人有义务偿还利息和本金。在我们的部分准备金银行体系中，商业银行只需要用大约 5 美元的自有资金就可以创造出 100 美元的贷款和存款。当业务进展顺利时，银行所有者即使只投资了 5 美元，也可以获得 100 美元贷款的利息。但如果借款人对这笔贷款违约，那么商业银行必须承担损失。在这个例子中，如果价值 5 美元的贷款违约并被核销，那么商业银行将出现资不抵债的情况，并可能不得不申请破产。

商业银行的高杠杆特征意味着它们有潜力去挣更多钱，但也可能迅速破产。纵观历史，银行危机频频爆发也就不足为奇了。因此，商业银行在发放贷款时必须十分谨慎。它们通过审查借款人的财务状况和贷款目的，来确保借款人的信誉可靠。商业银行也通常寻求额外的担保或抵押品。比如，住房抵押贷款以所购买的房屋作为担保。在违约的情况下，银行可以收走房屋并出售以偿还贷款。

商业银行必须解决的第二个问题是流动性。假设银行向一个信誉可靠的借款人发放了100美元的贷款，但随后借款人立刻取出这笔钱以支付给他的供应商，而供应商在另一家商业银行开设账户。商业银行必须确保有足够的央行准备金以满足对其他商业银行的支付，也要确保手头有足够多的通货以满足任何储户的提款。对于只有少量准备金或通货以及资产流动性差的商业银行而言，这可能成为一个问题。资产流动性差意味着其变现困难。一家无法满足支付或提款需求的银行，即便基本面稳健，也很有可能会让储户感到恐慌。

为解决流动性问题，商业银行谨慎地研究了客户的日常支付需求，然后努力持有足够多的流动性资产来满足这些需求。这些资产通常是央行准备金，但也可能是国债或者政府支持机构RMBS。如果一家银行低估了它的流动性，它仍然可以向其他商业银行或机构投资者借钱。在美国，作为最后一根救命稻草，商业银行可以从美联储贴现窗口借入资金。但最后这种选择伴随着强烈的污名，因为它表明该银行处于极其危险的困境之中，以至于没有私营部门愿意借钱给它们。贴现窗口借款绝对是任何商业银行的最后一根救命稻草。

以下是如何完成支付的例子，分为两种情形：只有一家银行的世界和拥有两家银行的世界。

（1）只有一家银行的世界。

假设整个世界只有一家银行——A银行。农民约翰来到A银行，请求获得100万美元的贷款，以支付给伐木工人蒂姆一些木材的货款。A银行查看了约翰的财务状况，认定他是一个信用风险良好的人，于是批准了这项贷款。敲击几下键盘之后，A银行将100万美元放入了约翰的银行账户。约翰登录他的银行账户，看见了100万美元，然后把这笔钱转给了蒂姆。因为A银行是这个世界中唯一的一家银行，所以它只是简单地登录电脑，并且把100万美元从约翰的账户转移到蒂姆的账户之中。流动性问题在这个只有一家银行的世界中不存在，因为一切都是在这家银行的资产负债表上进行的。

A 银行的资产负债表

资　产	负　债
准备金	股本
＋100 万美元发放给约翰的贷款	＋100 万美元约翰的银行存款
	－100 万美元约翰对蒂姆的转账
	＋100 万美元蒂姆的银行存款

（2）拥有两家银行的世界。

现在假设世界上有两家银行——A 银行和 B 银行。这一次，农民约翰的钱存在 A 银行，伐木工人蒂姆的钱存在 B 银行，在 A 银行发放贷款之后，约翰登录他自己的账户，并且请求把这 100 万美元发送到蒂姆 B 的银行账户中去。在这种情况下，A 银行不再能够简单地重新配置其账簿上的数字，而是需要向 B 银行支付一笔款项。A 银行以央行准备金的形式给 B 银行 100 万美元来完成这个操作，B 银行收到这笔款项，并且给蒂姆的账户增加 100 万美元。

A 银行的资产负债表

资　产	负　债
准备金	股本
＋100 万美元发放给约翰的贷款	＋100 万美元约翰的银行存款
－100 万美元给 B 银行的准备金	－100 万美元约翰对蒂姆的转账

B 银行的资产负债表

资　产	负　债
准备金	股本
＋100 万美元来自 A 银行的准备金	＋100 万美元蒂姆的银行存款

如果 A 银行没有足够的银行准备金来完成这项支付，它将不得不借入准备金。A 银行可以从 B 银行借入央行准备金，然后再马上以蒂姆的名义将其转回以作为付款。A 银行也可以从美联储贴现窗口借钱作为最后一根稻草。注意，

即使非银行机构不能持有央行准备金，A 银行也可以从非银行机构（如货币市场基金）借钱。这是因为非银行的开户银行必须把准备金给 A 银行以支付贷款款项。A 银行将对非银行机构记一笔存款负债，以中央银行准备金作为资产进行平衡。

信用创造的限度

听上去商业银行就像是神奇的摇钱树，但是它们能够创造的资金数量是有限的。这些限制来自监管和盈利能力。因为银行有史以来就容易遭受银行业危机，所以它们是受到高度管制的。除了频繁的监管报告之外，那些最大的银行甚至有监管者实地监督其日常行为。银行受到的监管之一是杠杆率（leverage ratio）管制，它限制了给定亏损吸收资本（loss-absorbing capital）下银行资产负债表的规模。比如，在 20 倍杠杆率限制下，一家有 5 美元资本的银行只能够拥有价值 100 美元的资产。杠杆率旨在确保银行持有足够多的资本以吸收潜在的损失。另一项重要的监管是资本率监管，它要求银行持有与其投资的风险水平相对应的资本水平。比如，相较于持有大量美国国债的银行，持有大量企业贷款的银行将被要求有更多的资本。

从更广泛的意义上来说，商业银行的货币创造受限于可行的投资机会。银行的股权投资者希望从他们的投资中赚取高回报，所以他们希望银行可以进行有更高利息收入的投资。当经济繁荣时，许多借款人都愿意支付高利率来投资有利可图的项目，但是在经济萧条时，有投资价值的机会就大大减少。因此，银行在经济繁荣期间创造更多的货币。而在萧条时期，银行可能收缩贷款，自然地因为经济对货币的需求很低而减少这种货币供给。

如何研究银行

银行资产负债表上很大一部分的数据是公开可得的，可以帮助你了解银行系统目前的情况。在个体银行的层面，美国的银行每季度在其向联邦金融机构审查委员会（FFIEC）的财政决算报告中公开报告详细的资产负债表数据（即 FFIEC 031/041/02 报表）。在国家银行系统层面，美联储每周通过其 H.8 数据公告报告汇总数据。在全球银行系统层面，国际清算银行（BIS）每季度在其国际银行业统计中报告汇总数据。

财政决算报告（call reports）：财政决算报告是所有美国商业银行和外国银行在美国的分支机构都必须按季度提交的监管文件。它们提供银行资产负债表的季度末快照，包括所投资的贷款和证券类型以及所依赖的存款类型。这些文件非常详细，对于试图弄清楚某家银行是否是一项好投资的分析师是最有用的。从报告中，分析师可以了解银行的商业模式及其风险程度。这些报告在每个季度结束大约 6 周后在 FFIEC 的网站上公开发布。

H.8 周报：H.8 是美联储每周发布的数据，标题为"美国商业银行资产负债表"（Assets and Liabilities of Commercial Banks in the United States），提供了位于美国的商业银行的资产负债表汇总数据。这个数据并不如财政决算报告详细，但数据更新频率更高，对任何研究宏观经济趋势的分析师都很有用。例如，据报道，在美国 2020 年新冠肺炎疫情暴发初期的金融恐慌期间，许多公司在经济的高度不确定性下囤积现金。通过 H.8 可以清楚地看到这种行为，其中商业贷款的大幅飙升表明公司正在动用它们的循环贷款（revolving loans）以提取额外现金。H.8 还清楚地显示了银行业总准备金的激增，这反映出美联储积极购买资产，同时也显示了消费信贷的下降，这是由于在创纪录的高失业率下消费者紧缩开支。

国际银行业数据：国际清算银行从世界各地的中央银行收集数据，并发布汇总数据，这些数据显示了银行系统在国际层面上的体系结构。它发布了银行业的两组统计数据：本地银行业统计（Locational Banking Statistics，LBS）

和并表银行业统计（Consolidated Banking Statistics，CBS）。两组数据互相补充，其中LBS显示了报告国的银行关于其他国家居民的活动，而CBS显示了银行按国别划分的活动及其关于其他国家居民的活动。例如，LBS可以告诉你位于美国的银行对法国居民的负债水平，其中包括法国的银行在美分行的负债，因为这些分支机构位于美国。CBS可以告诉你美国的银行对法国居民的负债，其中不包括法国的银行在美分行的负债。国际银行业数据是极其高水平的，对于试图了解全球金融体系的宏观分析师非常有用。实际上，只有借助国际清算银行的数据才能理解离岸美元银行系统。

在实践中，相较于私营部门，公共部门所掌握的商业银行数据的质量会好很多。2008年金融危机后颁布的法规赋予了美联储和其他监管机构巨大的权力，去高频率地收集非常详细的数据，甚至有最大银行的每日数据。这使得再发生像2008年那样的银行业危机的可能性变得极小。不稳定性通常在监管者没有察觉到的市场角落出现；今天，这些角落就是影子银行部门，我们将在下一章中讨论。

美国财政部

美国财政部是美国政府的一部分，它收税并且发行美国国债。美国财政部并不决定它发行的债务的总量，债务总量是由联邦政府赤字水平决定的，这个赤字水平是美国国会决定的结果。美国国会通过立法来决定联邦政府的支出和税收收入，两者的差额就是赤字。

然而，美国财政部确实可决定如何为赤字融资。这使得它能够影响利率曲线的形状，发行更多长期债券的决定会导致利率曲线更加陡峭，而发行更多短期债券的决定会导致利率曲线更加平缓。任何经济部门债券供给的增加都会降低该部门债务的价格,从而提高其收益率。美国财政部债务管理战略的首要原则就是,随时间的推移,为纳税人提供最低的融资成本。为此,它会进行自己的分析,并听取私营部门的意见,以确定赤字的最低成本的融资方式。例如,当美联储通过量化宽松给长期美国国债收益率施加下行压力时,美国财政部会调整其发行,转向更长期的债券以利用较低的长期利率。

美国财政部旨在以规律的、可预测的速度发行债券,在季度基础上对规模和频率进行微调。这是很重要的一点,因为每年发行的债券规模巨大,近年来的规模达到数万亿美元。如果市场能够准确地预测发行债务的数量并做出相应准备,那么市场就更容易消化这些债券的发行。出乎市场意料的发行可能使收益率飙升,而这是具有破坏性的。在每一季度初,美国财政部都将宣布其估计的融资需求,这基于预期的联邦支出、税收收入、债务期限,以及它希望在季度末持有的手头现金的数量。美国财政部计划持有足够的现金,以应对至少五天的资金外流。

当必须针对债券发行做出某些意料之外的调整时,美国财政部会发行短期债券作为弥补。这是因为相较于长期债券,市场更容易消化短期债券的变化。例如,当美国国会在 2020 年 3 月通过 2.2 万亿美元的 CARES 刺激方案时,美国财政部通过发行 1.5 万亿美元的短期国债来满足大部分的融资需求,这些短期国债是期限短于一年的国债。这些短期国债很容易就被货币市场基金消化,后者在资产端拥有超过 4 万亿美元,并且不断地需要被展期为短期投资。另一方面,长期国债的投资者大多都是长期投资者,对短期波动的反应较不明显。这些投资者包括养老基金、保险公司和主权基金。在美国国债发行量激增时,它们并不会突然有更多的资金用于投资。

美国国债由于其发行在本质上由美国政府的信用所担保,所以不同于中央银行准备金或银行存款。中央银行准备金是由其购买的安全资产担保,本质上是一种货币兑换另一种货币。银行存款则以债务为担保,这些债务最终一定要被偿还,因此减少了所创造的货币总量。美国财政部发行了数万亿美元的美国国债，但是似乎没有打算偿还其中任何一笔。相反，未偿付的美国国债数量继续加速增长。这会导致通货膨胀，因为商品和服务是通过印钞购买的，但这也只是决定总体通胀水平的众多因素之一。

许多市场参与者看到美国债务水平不断上升，认为债务危机即将到来。然而，也有如日本这样的债务—GDP 比率远高于美国的国家，而且尽管美国国债的发行量飙升，但其收益率依然在持续走低。美国财政部能发行多少债券显然是受限的，但具体限制为多少尚不明晰。

第3章 影子银行

“影子银行”这一术语听上去很神秘，甚至有一些不祥，但是它们仅仅是指参与了类似于银行活动的非商业银行机构。同商业银行一样，影子银行通过发放贷款或购买资产来创造流动性和信用风险。然而，它们不能像商业银行那样创造银行存款，而是从投资者那里借钱来为其资产融资。它们是金融中介而非货币创造者。

影子银行涵盖了广泛范围的机构，这些机构从事的活动通常比商业银行的风险更高。正如我们在之前章节所讨论的，商业银行受到严密监管，并且必须遵守广泛的披露要求。最大的商业银行甚至每天都有监管者在现场监督合规情况。但这些烦琐的要求也伴随着好处：商业银行可以从美联储贴现窗口借款，并且它们的储户也受到 FDIC 存款保险的保护。一般而言，影子银行的运营受到的限制比商业银行更少。这可以带来更高的收益率，但是它们的投资者并不受到相同公共部门的保护。相反，影子银行的投资者必须依赖于其他私营部门的保护。这些保护包括由私人保险公司提供的保险、对冲衍生品（如信用违约掉期），或者由评级机构提供的保证。

这些影子银行的基础商业模型是利用短期贷款去投资长期资产。这种错配创造了获利机会，因为长期利率通常高于短期利率。影子银行也可能通过投资高风险资产来获得风险溢价。当投资者拒绝贷款续期时，这种类似银行的商业模式可能使得影子银行很容易受到银行挤兑的影响。如果无法将美联储作为最后贷款人，影子银行可能不得不出售资产以满足投资者的撤资需求。在恐慌期间，它们将不得不以大幅折扣的价格出售资产，潜在地招致巨额损失。2008 年金融危机和 2020 年美国新冠肺炎疫情期间的金融恐慌，很大程度上就是影子银行系统的挤兑所致。

影子银行系统并不遵循某个严格的定义，但是通常包括如交易商、货币市场基金、ETF、投资基金和证券化工具等实体。在最近几十年，影子银行系统已经变得比传统商业银行系统更庞大、更具影响力。在本章接下去的内容中，我们将会介绍一些更加著名的影子银行：一级交易商、货币市场基金、ETF、mREITs、私募投资基金和证券化工具。

一级交易商

一级交易商是一群拥有与美联储直接交易的特权的交易商。它们是金融系统的核心，也是美联储公开市场操作的主要渠道。美联储完全通过一级交易商进行货币操作。[①]比如，当美联储正在通过购买国债实施量化宽松，它仅会从一级交易商那里购买。[②]现在美国一共有 24 个一级交易商，几乎都附属于大型外资或国内银行。[③]这是因为一级交易商必须要满足一定的要求和义务，这对较

① 在紧急情况下，美联储也利用太平洋投资管理公司(PIMCO)和贝莱德(Blackrock)等大型资产管理公司来管理商业票据融资便利等临时项目。

② 所有与美联储的美国国债交易都是通过美联储的专有交易软件 FedTrade 来完成的。美联储制定了一张运营时间表，以告知一级交易商它们运作的时间，使一级交易商参与进来。

③ 美国目前的一级交易商名录，参见 https://www.newyorkfed.org/markets/primarydealers.html。

小的交易商而言成本很高。例如，一级交易商有义务经常披露监管信息，参与美国国债拍卖，并且向公开市场交易室提供市场情报。

交易商一般就像金融产品的超市。超市从生产者那里购买各种各样的商品，把它们储存起来，然后加价卖给消费者。与之相仿，交易商随时准备购买一系列金融产品，如公司债或者美国国债，然后持有它们，直到找到愿意购买这些产品的其他投资者。交易商将通过在回购市场以金融产品作为抵押品来借款，为其金融产品的库存提供资金。这些通常是隔夜贷款，交易商每天对其进行续期，直到能够为这些产品找到买家。交易商使投资者能够轻易地买卖证券，否则金融体系就不可能存在。

除了为金融产品做市之外，交易商也扮演金融中介的角色，从一个客户那里借钱给另一个客户。比如，对冲基金可能想要从交易商那里获得一笔以某些证券为担保的为期一个月的贷款。交易商将会发放为期一个月的回购贷款，然后用这些证券作为抵押品去从某个投资者客户那里借款，以筹集资金。然而，交易商很可能会进行隔夜借款，而不是匹配两笔款项的期限。因为隔夜贷款的利率低于为期一个月的贷款利率，交易商将能够赚取其从对冲基金获得的一月期贷款的利息和支付给投资者客户的隔夜贷款的利息之间的差额。这种类型的交易被称为匹配簿回购交易（matched book repo trade），因为这两笔回购交易是相互抵消的。

交易商因从事金融中介活动而被认为是影子银行。它们借入的隔夜回购贷款就像是商业银行存款。它们从这些隔夜贷款中获益，将其贷给客户或者用其购买证券。这使得它们暴露在类似于银行挤兑的风险之下，投资者可能会拒绝续借隔夜贷款。当这种情况发生时，交易商将被迫出售证券以偿还隔夜贷款。当交易商向市场出售其证券，这种出售将可能给该证券价格带来下行压力。如果大规模地发生这种情况，这些证券价格可能会大幅下跌，让投资者恐慌。更多投资者会拒绝续借贷款，这将进一步导致更多强制出售。很快，金融危机就会发生。

这正是2008年所发生的情况。2008年3月,作为大型投资银行和一级交易商的贝尔斯登(Bear Stearns),因其在次级抵押贷款市场的投资恶化而破产。当投资者听说贝尔斯登的困境时,他们开始担心,并拒绝去延期其对贝尔斯登的回购贷款。贝尔斯登因此被迫以甩卖价格出售资产来偿还这些贷款。这损害了资产价格,并导致投资者在向所有交易商放贷的时候变得十分谨慎。直到美联储作为最后贷款人介入时,信心才得以重建,市场情况变得正常化。美联储通常不能向一级交易商提供贷款,但在这种情况下,它使用了紧急贷款的权力,即《联邦储备法》第13条第3款授权的权力,并建立了一级交易商流动性便利工具(primary dealer liquidity facility, PDCF)。①PDCF本质上是一个仅提供给一级交易商的贴现窗口便利工具。

美联储如何救助影子银行

美联储只与一级交易商进行交易,但通过一级交易商系统,美联储能够间接地触及金融体系更深层的角落。这是因为一级交易商与世界上几乎所有主要的金融机构都有关联。美联储的政策就是通过这些关联进行传递的。

一级交易商为这些金融机构提供流动性,并设定流动性价格。当影子银行需要资金时,它打电话给交易商,直接出售其拥有的金融资产以换取现金,或者以金融资产为抵押借款。如果一级交易商出售证券,交易商将为证券报价;如果一级交易商借款,交易商则报一个利率。

---

① "Federal Reserve Announces Two Initiatives Designed to Bolster Market Liquidity and Promote Orderly Market Functioning", Press Release, Board of Governors of the Federal Reserve System, March 16, 2008, https://www.federalreserve.gov/newsevents/pressreleases/monetary20080316a.htm.

零售投资者可以登录他们的交易账户并只出售股票以换取现金，而影子银行持有许多不在交易所交易的资产。例如，公司债和美国国债是不在交易所交易的。非交易所交易的证券的定价，由交易商集体根据计算机模型和市场条件来确定。

一级交易商用它们从其他客户那里借来的资金购买证券或提供贷款，这些资金通常是货币市场基金。但一级交易商也可以从美联储贷款。美联储提供的融资条款会影响一级交易商愿意提供给影子银行客户的条款。例如，如果一级交易商能够以1%的利率从美联储那里贷款，那么更广泛市场的利率就不会比1%高太多。

2019年9月，隔夜回购利率在短短几天的时间内突然从约2%飙升至5%以上。请注意，交易商高度依赖隔夜贷款，因为它们的资产往往是较长期的证券或贷款。交易商们在寻找隔夜贷款时遇到了巨大的困难，为了吸引投资者放贷，它们付出了高昂的代价。这引发了市场恐慌，并促使美联储开始与一级交易商进行常规回购操作。实际上，美联储愿意以低于市场的利率向一级交易商无限规模地提供贷款。而一级交易商反过来接受这些低息贷款，并进一步借给市场。

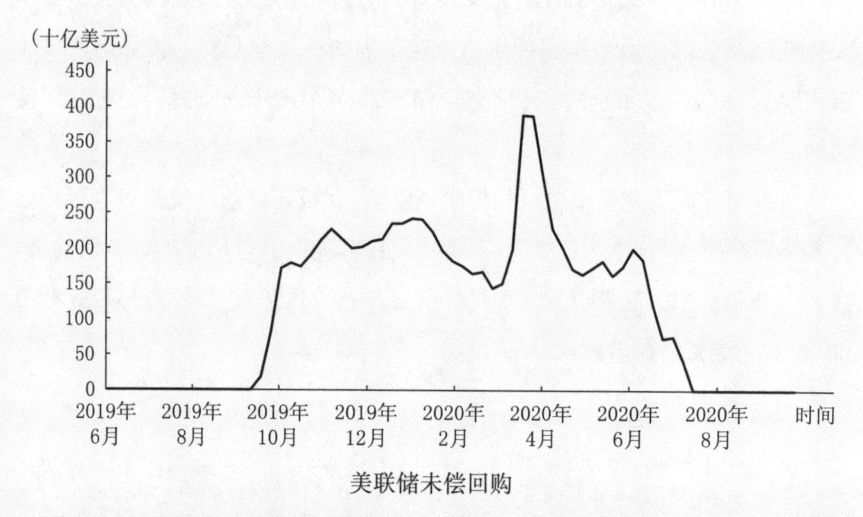

美联储未偿回购

资料来源：美联储经济数据(FRED)，周平均余额。

美国新冠肺炎疫情暴发初期的金融恐慌期间，一级交易商从美联储贷款了约4 000亿美元，以支付其影子银行客户急于出售的资产。如前所述，对冲基金、住房抵押贷款型房地产投资信托基金和ETF都在争夺现金。美联储实际上通过一级交易商系统间接地救助了它们。

从美联储贷款的一级交易商回购借款水平在2020年下半年逐渐降至零。大规模的量化宽松显著降低了金融体系中美国国债和政府支持机构MBS的数量，进而减少了对一级交易商的现金需求。

货币市场共同基金

货币市场基金是一种特殊的投资基金，它仅投资于短期证券，且允许投资者在下一交易日起随时提取资金。货币市场基金受到监管，严格控制其信用质量和它们能发行的投资期限。这使得货币市场基金成为一种相对安全的投资。实际上，投资者倾向于认为货币市场基金投资确实是无风险的。投资于货币基金的1美元几乎肯定可以在任何交易日撤回而不遭受损失。货币市场基金份额非常像银行存款。

货币市场基金大致分为两类：政府型货币市场基金（government MMF）和优先型货币市场基金（prime MMF）。前者只能投资于政府证券，而后者还可以投资于非政府证券。实际上，优先型货币市场基金大量投资于政府证券和外国商业银行发行的证券。外国商业银行在公司银行业务中很活跃，但通常没有零售业务。这意味着它们没有稳定的零售存款基础，而必须要积极地从如优先型货币市场基金等机构投资者处借款以管理资金外流。

货币市场基金所做的投资往往是很短期的，大多数是隔夜的，但最长可达397天。这在一定程度上归因于美国证券交易委员会（SEC）的规定，其中许多规定限制了货币市场基金投资组合的期限。这些规定是为了减少“银行挤兑”的风险。因为货币市场基金资产到期非常快,所以到期投资总是可以提供足够多的现金以应对投资者的撤资。此外,货币市场基金往往持有大量可以被很容易卖出的短期政府证券,以应对资金外流。

货币市场基金投资被大范围的投资者用作银行存款的替代品。投资者希望可以向货币市场基金投资 1 美元,赚取市场利率,并在需要时取出这 1 美元。然而,货币市场基金不是商业银行,所以它们没有资格使用美联储的贴现窗口,并且其投资者不受存款保险的保护。缺乏政府的支持可能会让它们的投资者在恐慌时期变得脆弱,至少在优先型货币市场基金的情况下是如此。在实践中,机构投资者实际上更愿意把大量资金留给优先型货币市场基金,而不是商业银行。这是因为优先型货币市场基金通过投资于许多家银行分散了风险敞口,而将大量资金放在同一家商业银行会集中风险。

货币市场基金是影子银行部门的关键资金来源。这是因为投资于货币市场基金的资金会沿着中介链在金融系统中四处移动,这些中介链可能很长。例如,投资者可以投资于货币市场基金,货币市场基金通过回购贷款借给交易商,交易商再通过匹配簿回购贷款借给对冲基金。

当货币市场基金崩盘时

投资者将货币市场基金投资视为银行存款——投资于货币市场基金的每 1 美元都可以毫无损失地提取,就像商业银行支票账户中的存款一样。这一观点自 2008 年 9 月起不再成立,当时最大的货币市场基金之一——主要储备金(the Reserve Primary Fund)因其提供给破产的投资银行雷曼兄弟的贷款而蒙受损失。①这些损失意味着投资于主要储备金的 1 美元的价值少于 1 美元。

---

① Baba, Naohiko, Robert McCauley, and Srichander Ramaswamy, 2009, "US Dollar Money Market Funds and Non-US Banks", *BIS Quarterly Review*, March, 65—81, https://www.bis.org/publ/qtrpdf/r_qt0903g.pdf.

当投资者开始发现其货币市场投资出现亏损时，他们惊慌失措，纷纷撤资。在短短几天内，投资者从该基金撤资420亿美元，而在当月早些时候，该基金持有650亿美元。①这迫使主要储备金以低价抛售资产，来满足投资者的撤资需求，这导致了投资者更多的损失。投资者随后会关注其他优先型货币市场基金，并开始担心其他基金也可能"跌破面值"。

这会导致所有优先型货币市场基金发生挤兑，这些货币市场基金是商业银行的主要贷方。现在商业银行正在流失优先型货币市场基金的融资，它们被迫提高利率以吸引新的投资者。当市场看到这些商业银行正在提供的短期利率时，它开始怀疑一些银行可能资不抵债。这反过来导致整个金融体系更加恐慌。

在该紧急情况下，美联储和美国财政部介入以安抚市场。美国财政部宣布了货币市场基金临时担保计划(Temporary Guarantee Program for Money Market Funds)，该计划本质上保护了货币市场基金的投资者免受损失，与FDIC银行存款保险相类似。美联储宣布了货币市场投资者融资便利(Money Market Investor Funding Facility)，随时准备从货币市场基金购买资产，以防货币市场基金需要出售资产来满足投资者的撤资需求。在宣布政府支持后，货币市场基金整体趋于稳定。

交易型开放式指数基金

交易型开放式指数基金(即ETF)是一种投资基金，其份额像股票一样在交易所交易。ETF将投资者的资金用于购买股票、债券或商品期货等资产。例

---

① "Reserve Primary Fund Drops below $1 a Share amid Lehman Fall", *Reuters*, September 16, 2008, https://www.reuters.com/article/us-reservefund-buck-idUSN1669401520080916.

如，美国国债 ETF 发行份额，并使用发行收入购买美国国债。标普 500 指数 ETF 发行份额，并使用发行收入购买标普 500 指数的成分股。ETF 的一个关键优势在于其流动性。因为 ETF 份额在交易所交易，所以投资者可以在市场开放的任何时候出售其份额。

理论上，ETF 份额的价格应当反映 ETF 资产的价值。拥有 100 股发行在外的 ETF 所持有的价值 1 000 美元的一篮子股票的股价应该为 10 美元。ETF 份额的价格及其标的资产价值之间的关系受机构投资者监管，这些机构投资者通过对 ETF 份额价格与标的基金资产价值进行套利来赚钱。在上述例子中，如果 ETF 份额的价格为 9 美元，那么机构投资者可以购买一份，随后要求 ETF 以其 1%的资产，即价值 10 美元的股票来赎回该份额。然后机构投资者可以在市场上出售该价值 10 美元的股票，并赚取 1 美元的收益。如果 ETF 的份额价格是 11 美元，那么投资者可以购买一篮子股票以模仿 ETF 的资产构成，然后要求 ETF 以一个份额来购买股票。机构投资者接着可以在市场上出售这一份额，换取 1 美元的利润。

ETF 之所以是影子银行，是因为尽管它的份额可以在市场开盘的任何时候出售，但是它所持有的资产可能不具有足够高的流动性。对于公司债 ETF 或者持有小盘股的 ETF 而言，尤其如此。公司债和小盘股的交易并不频繁，所以任何突然的抛售浪潮都会造成很大的价格波动。原则上，ETF 的赎回结构使其不易受到挤兑的影响，因为 ETF 份额的赎回会产生一篮子证券，因此 ETF 本身不会被迫出售其标的资产。然而，如果机构投资者试图通过赎回证券份额而后卖出标的证券的方式套利，则可能导致价格更大幅度下跌的周期，从而引发更多赎回。

在 2020 年新冠肺炎疫情引发的金融恐慌期间，美国投资者大量地出售 ETF 份额，以至于许多 ETF 的交易价格显著低于其基金资产价值。机构投资者很难去套利差价，因为市场状况如此糟糕，以至于即使他们能够赎回 ETF 份额来换取标的证券，也无法出售这些资产：这些资产没有买家。

图 3.1 iShares 抵押 ETF 份额价格

资料来源:Bloomberg。

住房抵押贷款型房地产投资信托基金

住房抵押贷款型房地产投资信托基金(即 mREITs)是投资于 MBS(通常是由房利美或房地美担保的政府支持机构 MBS)的投资基金。它们是典型的影子银行,利用很短期的贷款投资于很长期的资产。典型的 mREITs 将用持续续期的一个月期回购贷款购买期限为 15 年至 30 年的抵押证券。

即使美国长期国债收益率位于历史低位,mREITs 也仍然可以提供 10%以上的年利率。它们尤其受到寻求利息收入的散户投资者的欢迎。mREITs 能够通过高达其资本 8 倍的杠杆来提供这些收益。例如,mREITs 可以在回购市场以 1 个月期、0.3%的利率贷款,随后投资于收益率为 2.5%的 30 年期抵押证券,获得 2.2%的净息差。仅需 5 倍杠杆就可以产生超过 10%的年利息收入。在抵押证券得到担保的情况下,mREITs 不承担任何信用风险。然而,它们很容易受到类似银行挤兑的冲击，无法续签回购贷款。这种冲击在美国2020年新冠肺炎疫情引发的金融恐慌期间发生了。

在美国，2020年新冠肺炎疫情金融恐慌期间，包括通常流动性非常强的政府支持机构MBS市场在内，众多市场发生了许多严重的混乱。以政府支持机构MBS为抵押品向mREITs提供回购贷款的交易商对抵押品的价值越发不确定，并开始要求mREITs提供更多现金作为抵押品。同时，许多mREITs已经在利率对冲中蒙受损失，并出现现金短缺。为了满足这些对现金的需求，mREITs被迫在市场极度缺乏流动性的时候出售其政府支持机构MBS。这种抛售迫使价格走低，进而导致更多的低价甩卖，使得许多mREITs遭受重大损失。在短短几周里，mREITs投资者就损失了超过一半的投资，在某些情况下甚至损失更多。

私募投资基金

私募投资基金，如对冲基金或者私募股权基金（见图3.2），接受投资者资金并投资于广泛的金融资产。这些基金采用的策略很广泛，因此难以一概而论。有一部分投资于非流动性资产，包括非上市公司的股权、美元计价的外债和世界各地的农田。其他一部分投资于流动性证券，如公开交易的股票。私募基金的投资者通常不能够随时按需提取资金，但他们已同意将资金投资于该基金一段时间。从某种意义上说，私募投资基金借入中期，并投资长期。这种设置使得基金避免了为应付投资者撤资而进行资产抛售。然而，一些私募投资基金确实采用了更为激进的、依赖于短期借款的策略。这种行为将会使得它们在贷款人决定不再续期贷款时，更容易受到类似于银行挤兑的风险。

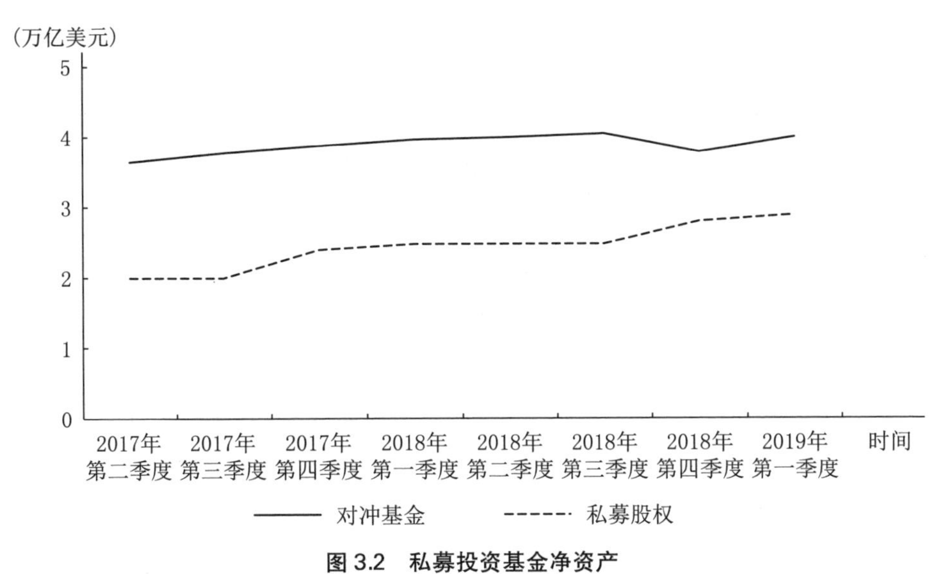

图 3.2　私募投资基金净资产

资料来源:美国证券交易委员会 PF 表格。

现金期货基差扩大

国债市场现金期货的基差交易(Treasury market cash-futures basis trade),是一种套利的交易,投资者对国债期货合约(Treasury futures contract)的定价和在现金市场上国债的定价之间的差异进行套利。国债期货合约是一个在未来特定日期以预定价格交付国债的协议。当国债期货价格高于国债现金市场时,投资者可以卖出国债期货,购入现金市场的国债,随后在到期时交付所购入的现金国债,从而满足期货合约并获得潜在利益。投资者将把期货价格和现金价格间的差价收入囊中。

投资者通常通过为回购市场上的现金国债头寸融资来进行这种交易。如果期货价格和现金价格之间的定价差异(现金—期货基差)足以补偿回购贷款的融资成本,则该交易将有利可图。这个基差通常很小,因此投资者必须使用大量杠杆才能产生可观的利润。理论上,交易在一开始就锁定了利润,基差在结算时趋于收敛,但在那之前,总有可能进一步扩大。在回购贷款期限非常短的情况下，投资者也将承担回购利率上升的风险，从而缩小或抹去了潜在利润。总体而言，美国国债现金期货基差交易被认为是一种低风险交易，因为美国国债期货和美国国债的走势相同且流动性很强，因此如果情况不佳，投资者可以迅速平仓。

在美国因新冠肺炎疫情引发的金融恐慌期间，美国国债的现金—期货基差交易出现了严重的问题。①在危机期间，由于美联储将目标利率降低至零利率下限，同时投资者为了避险而购买美国国债，所以美国国债利率下降。然而，美国国债期货市场的波动远大于美国国债现金市场。由于交易商不能再做市，美国国债现金市场基本崩溃。这导致现金—期货基差大幅升高，投资者由于他们的期货头寸而遭受巨大损失。这些损失被杠杆进一步放大，甚至可以达到100倍。在市场流动性不足的情况下，从事此类交易的相对价值对冲基金(relative value hedge funds)被迫出售其手中的美国国债来平仓，这进一步压低了价格，并增加了损失。许多对冲基金在这些交易中蒙受了巨大损失。②

证券化

证券化是这样一种融资结构：向投资者发行债券来融资购买非流动性金融资产池。一般而言，商业银行发行贷款，并将贷款出售给一家证券化工具，证券化工具则用其发行债券的收入购买贷款。证券化工具可以购买成百上千的贷

---

① Schrimpf, Andreas, Hyun Song Shin, and Vladyslav Sushko, 2020, "Leverage and Margin Spirals in Fixed Income Markets during the Covid-19 Crisis", BIS Bulletin No 2. BIS, April 2, https://www.bis.org/publ/bisbull02.htm.

② Basak, Sonali, Liz McCormick, Donal Griffin, and Hema Parmar, 2020, "Before Fed Acted, Leverage Burned Hedge Funds in Treasury Market", *Bloomberg*, March 19, https://www.bloomberg.com/news/articles/2020-03-19/before-fed-acted-leverage-burned-hedge-funds-in-treasury-trade.

款，并发行不同的债券，每种债券拥有不同的风险特征。贷款的本金和利息支付被用来偿还债券投资者。根据债券支付的优先级，每种债券被创建了不同的风险特征，支付顺序中优先级最高的债券被认为拥有最低的风险。在所有债券投资者都被偿付后，证券化工具所有者会得到剩余的任何款项。证券化工具就像一家银行，因为它从投资者那里借款，来承担信贷和流动性风险。

最有名的证券化资产类型是住房抵押贷款，但汽车贷款、信用卡贷款和学生贷款也很常见。实际上，任何可以提供稳定现金流的资产都能够被证券化，包括快餐连锁特许经营费、手机支付或者音乐版税等资产。证券化为投资者提供了一个投资于各种资产类别的机会，并且使得借款人能够发现更广泛的投资者。

证券化的兴起在2008年金融危机中发挥了重要的作用，从根本上改变了许多商业银行的业务模式。传统上，商业银行在表内持有其发行的贷款，所以对于贷款对象非常谨慎。当一家商业银行只有5%的贷款不能偿还时，它就已经很可能以破产而告终。但是，证券化的兴起意味着，商业银行可以通过发放贷款并将其出售给证券化工具来赚取费用。许多商业银行开始转变其业务模式，从赚取贷款利息转向赚取贷款手续费。由于商业银行并不是自己持有这些贷款，所以商业银行对于贷款是否出现问题并不那么关心，风险必须由证券化债券投资者来承担。

当影子银行浮现于阴影之中

2007年8月，影子银行部门中一个相对而言不为人所知的部分——资产支持商业票据(asset-backed commercial paper，ABCP)市场出现了挤兑。[①]

---

① 有关该主题的更多讨论，请参阅 Covitz，Daniel M.，J. Nellie Liang，and Gustavo A. Suarez，2009，“The Anatomy of a Financial Crisis：The Evolution of Panic-Driven Runs in the Asset-Backed Commercial Paper Market”，*Proceedings*，*Federal Reserve Bank of San Francisco*，January，1—36。

ABCP 是一种投资工具，通过发行商业票据（即通常在几个月内到期的无担保债务）在货币市场上进行短期贷款，随后将这笔资金投资于期限较长、流动性较差的金融资产。这些资产根据 ABCP 而有所不同，但可能是银行贷款、公司应收账款或有价证券。ABCP 不断发行和展期短期债务来为其资产融资。概括而言，ABCP 就如同商业银行，但由短期货币市场债务来提供资金。

然而，ABCP 投资者并没有从商业银行受到的公共保护中受益，因此他们转向了来自私营部门的保护。ABCP 投资者没有享受到严格的银行监管来保护他们的投资，因此他们依靠评级机构的评判来确定其投资有多安全。ABCP 投资者也不受益于 FDIC 存款保险提供的安全性，他们反而依赖来自 ABCP 担保人的担保。ABCP 的担保人通常是商业银行，负责管理该 ABCP，如果 ABCP 的资产出现问题，其担保人通常随时准备回购任何 ABCP。

2007 年 7 月，几家在次级抵押贷款相关资产上进行大量投资的大型对冲基金被清算，在 8 月的第一周，大型次级贷款机构美国住房抵押贷款公司（American Home Mortgage）申请破产。这意味着当市场对次级抵押贷款相关资产的价值失去信心时，美国住房抵押贷款公司担保的 ABCP 工具将失去其担保。市场参与者开始担心整个 ABCP 行业的资产质量，并拒绝续贷。2007 年 7 月，ABCP 发行在外的资产为 1.163 万亿美元，但一个月后这一数字降至 0.976 万亿美元，下降了近 2 000 亿美元。

ABCP 部门的恐慌通过商业银行担保人所做的担保渗透到商业银行部门。由于 ABCP 投资者拒绝延长其债务，商业银行被迫介入，并为这些 ABCP 持有的资产提供资金。这限制了商业银行的流动性，也使它们可能遭受信贷损失。飙升的银行同业拆借利率反映了这些担忧，并迫使美联储和欧洲央行介入以稳定市场。美国和欧洲的商业银行都积极地充当 ABCP 担保人，因此这是一个跨越国界的难题。

随着央行行动使投资者冷静下来，ABCP 市场也趋于稳定，但几乎没有投资者知道，这只是金融体系一年后的生存危机的第一次震动。下一次警告是在 2008 年初到来，即贝尔斯登破产几个月后，前面章节对此展开过讨论。

联邦住房贷款银行：政府支持的影子银行

政府支持机构在金融市场和实体经济中发挥着巨大、重要但常常被忽视的作用。政府支持机构这个实体准确来讲不属于联邦政府，但被认为受到联邦政府的隐性担保。与私人公司不同，政府支持机构不是由利润驱动的，而是期望进一步实现公共政策目标，例如支持住宅市场。最著名的政府支持机构是房利美与房地美，但最大的政府支持机构实际上是联邦住房贷款银行(FHLB)系统。

FHLB系统于1932年首次建立，通过向商业银行提供贷款来支持住房部门。它目前由11个地区性FHLB组成，每个都以合作社的形式组织。每个FHLB都由其会员商业银行所有，商业银行必须购买FHLB的股票才能成为会员。这些商业银行分担FHLB的损失，并通过股息支付获得利润。外国银行没有资格成为FHLB会员。

FHLB从机构投资者那里贷款，随后借给其会员银行。它们在本质上是政府支持的影子银行，旨在支持商业银行。在实践中，FHLB主要从政府型货币市场基金获得短期借款，并以稍长的期限贷给会员银行。由于获得政府隐性担保，因此FHLB能够以非常低的利率贷款，并将这些低利率传递给其会员。这些利率通常低于会员商业银行在市场上能够借到的水平，尤其当它是一家信用评级较低的银行时。

只要商业银行提供足够的抵押品，FHLB就会向商业银行放贷。这使得在市场条件差和私营部门融资变得稀缺时，FHLB贷款成为重要的融资来源。当面临压力时，商业银行将最先从FHLB贷款，并且只将美联储贴现窗口作为最后一根稻草，因为贴现窗口贷款伴有污名化。FHLB系统拥有约1万亿美元的资产，占据了金融系统中相当大的份额。

纵观历史，中小型银行是FHLB的主要借款人。这些银行获得大额融资的渠道有限，因此FHLB贷款是其获得廉价贷款的最简单的方式。近年来，

FHLB的最大借款人一直是美国最大的那些银行。①这是因为大型银行受更为严格的《巴塞尔协议Ⅲ》的监管约束，这些约束迫使它们拥有稳定的负债。在《巴塞尔协议Ⅲ》下，由于FHLB是政府支持机构，因此FHLB贷款被视为是稳定的。

---

① Gissler, Stefan, and Borghan Narajabad, 2017, "The Increased Role of the Federal Home Loan Bank System in Funding Markets", FEDS Notes, Board of Governors of the Federal Reserve System, October 18, https://doi.org/10.17016/2380-7172.2070.

第4章 欧洲美元市场

欧洲美元(Eurodollars)是指在美国境外持有的美元。它们被称为欧洲美元是因为第一批离岸美元于1956年在欧洲出现。①欧洲美元市场的发展,部分是由于商业银行监管套利的需要,但也是为了应对外国对美元日益增长的需求。1944年布雷顿森林协定建立了一套新的货币体系,使得世界从金本位转变为美元本位。随着美国崛起为全球经济"霸主",美元的使用日益广泛。即使随着欧盟的建立和中国的崛起,美国的相对主导地位有所下降,美元的广泛使用也持续存在。这个全球美元体系向远在美国之外的地方扩大美联储的影响力,也许同时增加着美联储的责任。

世界上有欧元、日元和其他货币的离岸市场,但它们的规模都无法与离岸美元市场比肩。美国境外非银行机构的美元贷款总额约为13万亿美元,远远超过了对欧元和日元等其他主要货币的离岸需求(见图4.1)。

---

① Murau, Steffen, Joe Rini, and Armin Haas, 2020, "The Evolution of the Offshore US-Dollar System: Past, Present and Four Possible Futures", *Journal of Institutional Economics*, 1—17, https://doi.org/10.1017/S1744137420000168. 也参见 He, Dong, and Robert N. McCauley, 2012, "Eurodollar Banking and Currency Internationalisation", *BIS Quarterly Review*, 33—46, https://www.bis.org/publ/qtrpdf/r_qt1206f.htm。

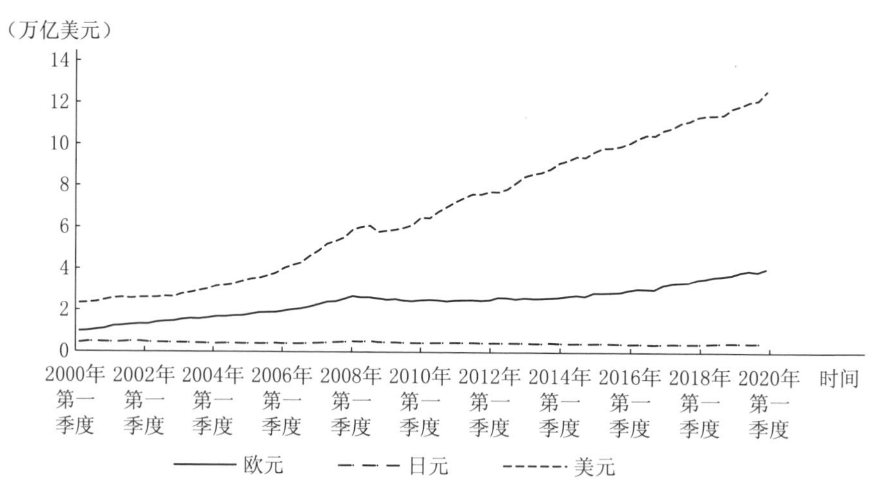

图 4.1　按货币分类的非银行离岸借款

资料来源：BIS 全球流动性指标，经作者计算得到。

再来看看官方外汇储备（见图 4.2），美元显然是最受欢迎的币种，所有外汇储备中大约 60％是以美元形式持有的。全球对美元有明显的需求。这种需求可以归因于几个因素。

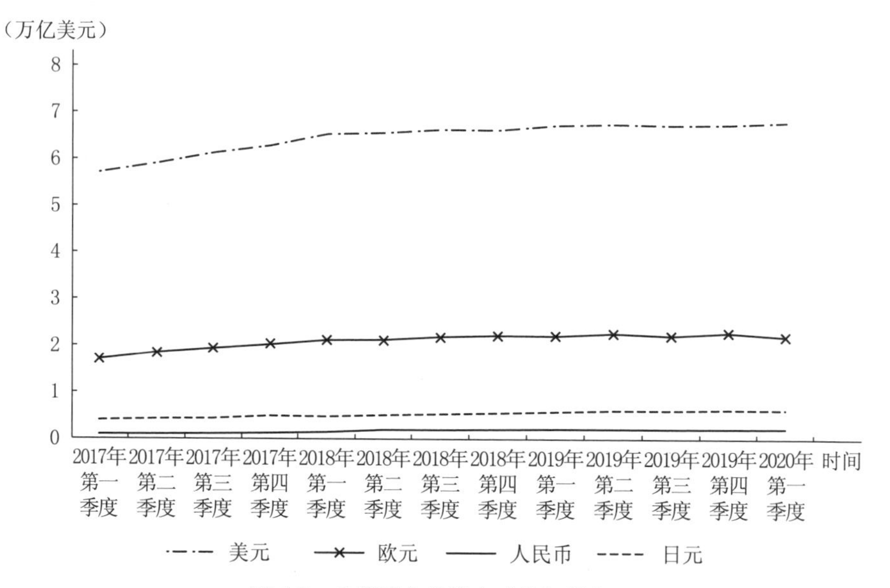

图 4.2　按货币分类的全球外汇储备

资料来源：国际货币基金组织。

安全性。美元被普遍认为是全球避险资产。每当世界上出现危机，投资者就会涌向美元。美元是由美国的军事力量和经济实力、相对公正的法律体系和一个几十年来保持通胀稳定的中央银行所支持的。相比之下，许多国家由于政府管理不善或者存在生存危机而饱受高通胀之苦。例如，阿根廷过去几年的年通货膨胀率处于10%至50%之间。因此，许多阿根廷人更愿意以美元持有他们的储蓄。2011年，欧元兑美元大幅贬值，因为人们担心欧盟可能会解体。随着英国脱欧和反欧盟政党在部分欧盟国家获得更大支持，人们对于欧盟未来的担忧也起伏不定。

贸易。全球贸易基本上在美元本位制基础上运行，大约50%的全球贸易以美元计价，约40%的国际支付以美元结算。①即使贸易中没有任何一方是美国人，美元也被用于贸易。例如，当日本从沙特阿拉伯进口石油时，它们用美元支付。当韩国电子制造商从泰国承包商购买零部件时，也很有可能以美元支付。美元具有很强的“网络效应”，就像用万事达卡(Mastercard)或者维萨卡(Visa)支付一样。所有人都接受美元，因此所有人都持有美元。

除了被国际广泛接受以外，世界上大部分地区持有美元时的汇率风险也较为有限。这是因为世界经济中很多国家使用的货币与美元密切关联，这使得持有美元成为持有本国货币的一种替代选择。从这个角度来看，美元实际上形成了一个“货币集团”(currency bloc)，它占全球GDP的50%以上。②该集团包括像沙特阿拉伯等将本国货币与美元直接挂钩的国家，也包括像墨西哥等原先将本国货币与美元挂钩的大国。

低成本。当美元贷款或者债券的利率低于本国货币的利率时，外国人有时会更愿意借入美元。③当美联储将美国的短期利率设定在低于其他国家的水平

---

① BIS Working Group, 2020, “US Dollar Funding: An International Perspective”, CGFS Papers No. 65. BIS Committee on the Global Financial System, June, https://www.bis.org/publ/cgfs65.htm.

② McCauley, Robert N., and Hiro Ito, 2018, “A Key Currency View of Global Imbalances”, BIS Working Papers No. 762, December, https://www.bis.org/publ/work762.htm.

③ McCauley, Robert N., Patrick McGuire, and Vladyslav Sushko, 2015, “Global Dollar Credit: Links to US Monetary Policy and Leverage”, BIS Working Papers No. 483, https://www.bis.org/publ/work483.htm.

时，以美元计的银行贷款的利率也会变得相对较低，吸引了外国借款者。在中国或巴西等新兴市场经济体中，尤其如此。这些国家以本币计价的银行贷款利率会比以美元计价的贷款利率高出几个百分点。类似地，当美联储实施量化宽松政策以降低美国国债收益率时，据此定价的私营部门美元债券的借款利率也会随之下降。外国借款人可能会发现，他们以美元借款所支付的利率，低于他们以本币借款支付的利率，于是决定以美元形式借款。

流动性。美元资本市场是世界上最具深度和流动性的市场。一些其他国家的资本市场不如美元资本市场那样成熟，所以它们选择借入美元。例如，澳大利亚的银行发现甚至当它们希望去投资于澳元资产的时候，借入美元也是更加容易的选择。与澳大利亚市场相比，美元资本市场的规模让它们能够接触到大范围的投资者，更容易借入大笔资金。澳大利亚的银行随后会通过掉期交易将美元兑换成澳元。此外，发行美元债券的便利与其在全球贸易中的主导地位是互补的。外国公司持有美元，一方面，因为它需要美元进行支付；另一方面，也因为发行以美元计价的债券对它们来说最为容易。

同样地，持有美元是一个理想选择，因为它们易于贮存。美国债券市场的深度和流动性意味着投资者可以轻松且无风险地储存大量美元。我们前面说过，国债是支付利息的货币。对于拥有大量货币的机构或富人来说，流动性确实是一个问题。中国持有数万亿美元的美国国债的很大原因在于，没有其他市场足够深以持有这些货币。

以上这些讨论表明了为什么外国人愿意去持有美元，但还没有解释为什么这些美元被离岸持有。外国人离岸持有美元存在几点原因。[①]正如美国人天生倾向于在美国持有美元一样，外国人也天生倾向于在自己的国家持有美元。这可能是因为他们对于本国的银行更加熟悉，在当地持有美元对于他们而言更为

---

① He, Dong, and Robert N. McCauley, 2010, “Offshore Markets for the Domestic Currency: Monetary and Financial Stability Issues”, BIS Working Papers No. 320, https://www.bis.org/publ/work320.htm.

方便，或者也可能是因为他们不信任美国政府。例如，过去苏联将其美元存入伦敦。离岸持有美元是投资者用来分离货币风险和国家风险的一种方式。最后，海外银行的存款利率历来高于美国的银行。

离岸美元市场包括离岸美元银行和离岸美元资本市场。如果只考虑向非银行借款人发放贷款，两者的规模都在 6.5 万亿美元左右。离岸美元市场的大部分贷款并非来自美国，而是来自其他离岸市场。美国居民银行(U.S. resident banks)的贷款规模相对较小，向海外非银行借款人提供规模约为 1.6 万亿美元的银行信贷。据美国财政部统计，美国投资基金持有离岸借款者发行的 2.6 万亿美元债券，尽管这也包括由银行借款人发行的有价证券(见图 4.3)。

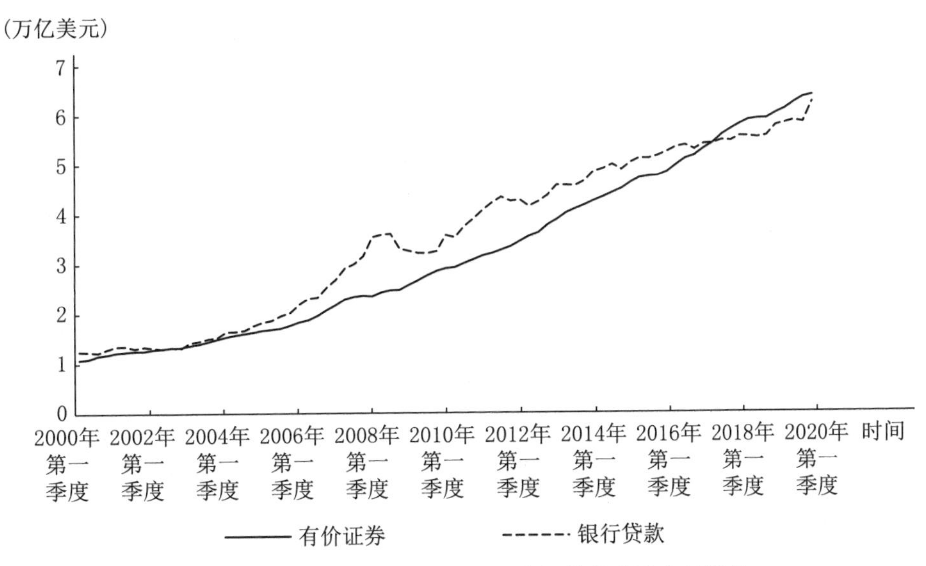

图 4.3　按类型分类的向非银行机构提供的离岸美元贷款

资料来源：BIS 全球流动性指标。

银行和投资者愿意借钱给离岸借款人，因为这能为他们提供多元化资产组合的方式，以及获得更高收益的机会。离岸借款人的美元通常更有限，所以他们愿意比美国居民为美元支付更高的利率。此外，许多离岸借款人位于经济增长率较高的新兴市场经济体，这使得他们能够支付更高的利率。海外投资也使得银行和投资者有机会将投资组合分散在不同国家，从而降低政治风险。

离岸美元银行

离岸美元银行系统可以分成两个部分：其一是主要由于监管套利而存在的部分，其二是主要针对外国人对美元银行需求而存在的部分。总体而言，截至2018年，离岸银行系统的规模约为10万亿美元①，约占全球美元银行系统规模的三分之一。②值得注意的是，这大于前述6.5万亿美元的离岸美元银行贷款，因为银行还持有除贷款以外的美元资产，如美国国债或其他债务证券。

离岸银行系统的监管套利业务在过去几十年中几经起落。在第一阶段，美国的银行发现它们可以通过将银行业务转移到开曼群岛或伦敦等离岸银行中，以规避美国国内的银行监管。离岸美元存款在20世纪50年代首次出现在伦敦，在70年代大幅增长。当时美国的银行正受到Q条例与D条例的约束。根据Q条例，美国的银行支付给其国内存款的利息水平有上限约束。根据D条例，美国的银行根据其存款负债必须持有一定数量的央行准备金。然而，美国境外的存款并不属于这些条例的监管范围。美国的银行因此有动力在海外拓展业务，在海外，它们可以提供高利率以吸引投资者，扩大它们的贷款规模而无

---

① Aldasoro, Iñaki, and Torsten Ehlers, 2018, "The Geography of Dollar Funding of Non-US Banks", *BIS Quarterly Review*, December, 15—26, https://www.bis.org/publ/qtrpdf/r_qt1812b.htm.

② 根据美联储的H.8和美国国家信用社管理局（NCUA）关于信用合作社的季度报告，在岸存款机构的美元负债约为20万亿美元。根据国际清算银行的数据，在美国境外登记的外国银行美元负债约为10万亿美元。FDIC的报告显示，美国的银行在其离岸分行有1.4万亿美元存款，但尚不清楚有多少存款以美元计价。

需担心准备金率的问题。实际上，它们只是简单地让美国国内的客户在离岸分支机构存款，然后由分支机构将钱汇回美国国内的总行。银行交易尽管在技术上是离岸与国际化的，但是就功能而言，纯粹只是在美国银行系统内进行。即使监管改革消除了离岸银行的监管优势，这种流动仍然存在。然而，在金融危机之后，美国的银行大幅缩减了它们的离岸银行业务规模，并更加注重风险管理。

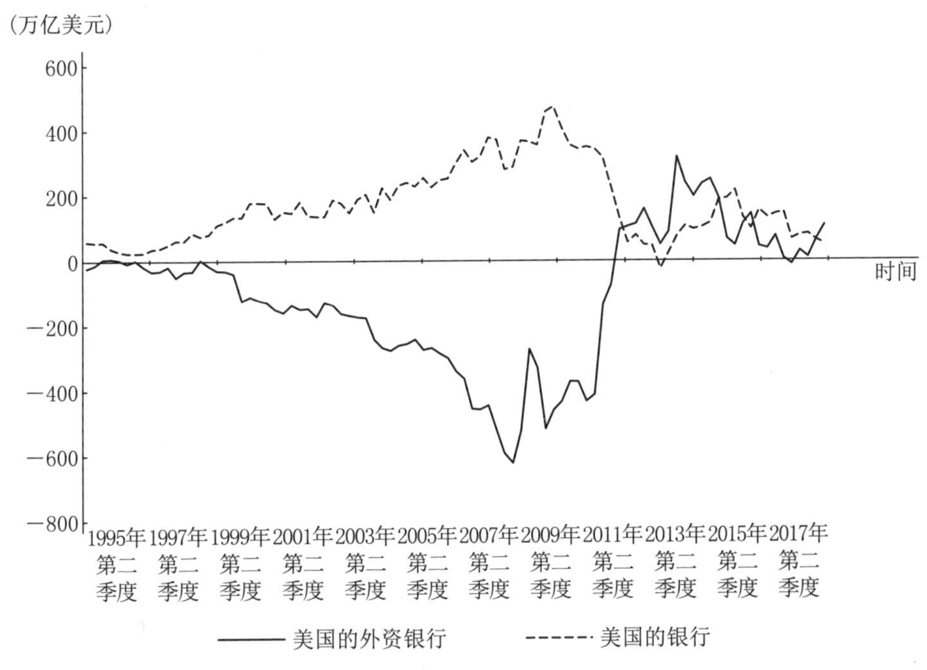

图 4.4　美国外的银行的净负债

资料来源：美联储 Z1。

第二波由监管驱动的离岸银行业务，是欧洲银行在这次全球金融危机爆发前夕开展的。当时，欧洲银行正受相对宽松的监管标准约束，被允许进行比美国的银行规模大得多的高风险交易。①欧洲银行对于投资美国抵押贷款相关资

① He, Dong, and Robert N. McCauley, 2012, "Eurodollar Banking and Currency Internationalisation", *BIS Quarterly Review*, 33—46, https://www.bis.org/publ/qtrpdf/r_qt1206f.htm.

产很感兴趣,并且建立了大量的头寸,这些头寸的资金主要来自美国货币市场。例如,欧洲银行的美国分行可能从美国货币市场基金借款,然后将资金汇回其欧洲总部,总部再将这笔款项投资于美国抵押贷款资产。本质上,欧洲银行是从美国境内投资者处借入,再将钱汇回美国国内,并投资于美国资产。由于欧洲各银行在投资中蒙受了巨大损失,这种资金流在金融危机后基本不再存在。

这种监管驱动的离岸银行系统的资金流规模巨大,但它们在本质上是调节美国银行资金流的不同方式。来自美国居民储户的资金最终被用于投资美国资产。在金融危机之后,随着欧洲和美国的银行缩减开支,这些资金流急剧减少。近年来,大多数离岸美元银行业务的资金流根本不涉及美国,而是在两个外国实体间流动。[①]一家日本银行向一家韩国公司提供贷款,就是一个例证。

这些纯粹的离岸资金流一直是离岸银行活动的重要组成部分,而随着监管驱动的资金流减少,现在它们占据了更为主导的地位。纯粹离岸美元银行模式和美国国内的银行模式类似,唯一的区别在于其发生在美国境外。外国人想要美元,所以离岸银行系统创造美元以供他们持有。[②]那些积极发放美元贷款的离岸银行,就是在美国经常看到的大型跨国银行。相比之下,美国的银行在向境外借款人发放贷款方面并没有那么积极。

离岸美元银行业与美国国内银行业之间的一个非常重要的区别在于,它们主要服务的客户对象不同。离岸美元银行业主要服务于企业和机构投资者,而美国国内银行业则主要服务于零售客户。外国零售客户主要以他们的本国货币进行交易,所以他们对美元的需求有限。这种客户方面的差异对经营美元业务的离岸银行的资金状况产生重大影响。

美国国内的银行可以依靠稳定的零售存款,而离岸银行必须通过货币市场

---

① He, Dong, and Robert N. McCauley, 2012, "Eurodollar Banking and Currency Internationalisation", *BIS Quarterly Review*, 33—46, https://www.bis.org/publ/qtrpdf/r_qt1206f.htm.

② Friedman, Milton, 1971, "The Euro-Dollar Market: Some First Principles", *Federal Reserve Bank of St. Louis Review* 53, 6—24, https://doi.org/10.20955/r.53.16-24.xqk.

使用机构存单(CD)和外汇掉期(FX)等工具来管理其资金。这意味着离岸美元银行业务更容易受到银行挤兑的影响。在金融市场动荡时期,零售储户往往不采取行动,因为他们的存款得到政府担保。但机构投资者的投资远远超过任何政府保险限制,所以他们对于金融市场的情况非常敏感,在发现问题迹象的第一时间,他们将会迅速地将资金从商业银行取出,转投无风险资产。这意味着在动荡时期,机构投资者将不会展期他们的机构存单和外汇掉期贷款,从而使得对这些工具较为依赖的银行将不惜一切代价争夺资金。在美国新冠肺炎疫情初期的金融恐慌期间,外国银行借入了近 5 000 亿美元的美联储外汇掉期紧急贷款,以满足其融资需求。

外资银行如何创造美元?

在前述例子中,我们介绍了美国的银行如何在创造贷款时创造美元,而用中央银行准备金来结算银行间支付。拥有美联储账户的外国银行将以同样的方式运作。大型外国银行通常有美联储账户,但较小型的外国银行可能没有。规模较小的外国银行也可以建立美元贷款业务,但它会使用美国的银行的美元存款来结算银行间支付。实际上,较小的外国银行是在部分准备金银行系统的基础上建立了一个部分准备金银行系统。

例如,假设一家小型外国银行向外国企业贷款 100 美元。在该小型外国银行的资产负债表上,它持有美国大型银行 BUSA 的 50 美元的存款作为准备金,并根据贷款,以银行存款的形式在负债端欠外国企业 100 美元。假设外国企业支付给其供应商 10 美元,该供应商在美国银行 CUSA 开户。那么小型外国银行必须与 CUSA 结清 10 美元的付款。小型外国银行将要求 BUSA 代其向 CUSA 付款。BUSA 通过从小型外国银行的中央银行准备金中提取 10 美元并将其支付给 CUSA 的准备金账户,来完成该支付。随后 BUSA 从它对小型外国银行的 50 美元存款负债中扣除 10 美元。

外国公司(FCo)从小型欧洲银行(SEB)借入 100 美元,并购买 10 美元供应品

资　产	负　债
+100 美元在 SEB 的银行存款	+100 美元贷款
-10 美元支付 S 的供应品	
+10 美元来自 S 的供应品	

SEB 向 S 支付 10 美元

资　产	负　债
50 美元在 BUSA 的银行存款	股本
+100 美元 FCo 的贷款	+100 美元 FCo 的银行存款
-10 美元在 BUSA 的银行存款	+10 美元 S 的银行存款

供应商(S)收到来自 FCo 的支付

资　产	负　债
+10 美元在 CUSA 的银行存款	
-10 美元出售的供应品	

供应商的银行(CUSA)收到来自大型美国银行(BUSA)的支付

资　产	负　债
贷款	股本
+10 美元来自 BUSA 的准备金	+10 美元 S 的银行存款

BUSA 向 SEB 付款

资　产	负　债
贷款	股本
-10 美元给 CUSA 的准备金	-10 美元给 SEB 的银行存款

这揭示了一些重要的信息。首先,中央银行准备金率和中央银行准备金的数量并不限制这个银行业的规模。欧洲美元体系可以像使用中央银行准备金一样使用银行存款,从而几乎无限制地扩张。假设准备金为 100 美元、准备金率为 10,则这意味着国内存款总额不能超过 1 000 美元。但

倘若一家外国银行持有100美元的这种存款，它就可以将其作为准备金来提供美元贷款并创造美元存款。外国银行不受美联储监管，因此它们可以自由决定自己的准备金率，而这取决于其风险承受能力。注意，银行持有的准备金越少，它就越有利可图，但也可能会难以应对提款需求，并在银行挤兑下崩溃。

其次，货币的增长由银行的盈利能力驱动。如果有许多优质借款人愿意以银行有利可图的利率贷款，那么银行就会发放贷款。银行贷款的盈利能力在很大程度上取决于其净息差，即其从贷款中获得的利息与其融资成本之间的差额。在理想情况下，它将有许多零利率的零售存款，否则它将不得不去货币市场以市场利率借入资金。一种用来估计商业银行总体盈利能力的方法，是看收益率曲线的陡峭程度，尤其是3个月期短期国债和10年期国债之间的利差。利差越大则表明银行业的利润越高，转而有利于经济增长。

存款各不相同

2008年的金融危机主要集中在银行业。银行（和影子银行）持有不良资产，并因此可能资不抵债，所以许多储户惊慌失措，并提取了存款。银行出售资产来应对提款需求，这导致资产价格下跌，引发了更多恐慌。为了应对这一事件，全球监管机构制定了一套名为《巴塞尔协议Ⅲ》的新监管规定，旨在使银行更安全，但是它们也改变了美元银行业的结构。

《巴塞尔协议Ⅲ》通过迫使银行持有如国债的更多高质量的流动资产，并且鼓励银行拥有更可靠的负债，从而使银行更加安全。①监管机构根据负债在压力时期的“不可靠”程度对银行负债进行分类，零售存款是其最具黏性的负债，而来自银行或影子银行的无担保存款最不可靠。零售储户受益于FDIC保险，没有理由感到恐慌，而银行和影子银行往往不得不提取存款以满足自己的投资者的取款。

---

① 这一项监管被称为流动性覆盖率。

监管方式的变化迫使许多银行从根本上对其债务进行重组。大型国内银行承受着最重的监管负担，因此它们挤出了许多影子银行客户，并试图扩大在零售银行业中的份额。影子银行转而开始将资金转移到中型美国银行或者外国银行，这两类银行都只受到《巴塞尔协议Ⅲ》的宽松的监管。

《多德—弗兰克法案》(the Dodd-Frank Act)的改革进一步加强了这种结构性转变，这使得 FDIC 保险费用的计算方式发生了变化。[①]FDIC 费用由美国的银行评估，作为银行给储户提供的 FDIC 保险的资金。此前，FDIC 是根据美国的银行持有的美国国内存款数额来评估费用。这一新的评估机制显著扩大了评估基础，纳入了除有形权益以外的所有资产，并进行了基于风险的调整。这些改变鼓励美国的银行去减少在货币市场上机构投资者的贷款，并转而依靠更为稳定的零售存款。美国的银行遵循这一激励措施，减少了在货币市场上的贷款。取而代之，机构投资者将资金存入外国银行，这些银行没有 FDIC 保险，并因此无需缴纳 FDIC 评估费用。

实际上，监管将大量机构资金从美国国内银行转移到了外国银行中，有时是转移到其海外部门。

离岸美元资本市场

借款人还可以通过在美国境外发行以美元计价的债券来获得美元。近年来，离岸美元债券的流通量比离岸美元银行贷款以更快的速度增长。各种各样的借款人在美国境外发行美元证券，包括外国政府、外国公司、外国银行，甚至

① Kreicher, Lawrence L., Robert N. McCauley, and Patrick McGuire, 2013, "The 2011 FDIC Assessment on Banks Managed Liabilities: Interest Rate and Balance-Sheet Responses", BIS Working Papers No. 413, https://www.bis.org/publ/work413.htm.

美国公司。

发行离岸美元债券的借款人通常可以选择从银行借款或者发行债券,并因发行债券更便宜而选择了发行债券。债券利率通常以美国国债收益率为基准,美国国债收益率自从2008年金融危机之后一直处于历史低位。离岸美元债券发行增长背后的动力,与美国国内发生的情况类似,在美国国内低利率已经导致了一波公司债发行潮。

离岸美元债券可以在任何司法管辖区发行,但是通常在伦敦等主要金融中心发行。主要金融中心指的是,在资本市场方面有丰富经验的银行家和可能有兴趣购买债券的大型投资基金的所在地。实际上,离岸美元债券往往是根据英国法或者纽约法发行的,因为这些法律体系受到国际社会较高程度的承认。一旦发生纠纷,投资者可以将借款人告上纽约或伦敦的法庭,获得判决,然后寻求该判决的执行。执行方面可能比较棘手,因为借款人的资产可能位于某个不承认该判决的司法管辖区。众所周知,违约的阿根廷政府美元计价债券的投资者,接受了美国法院的违约判决,并且利用该判决扣押了停泊在外国港口的阿根廷船只作为偿付。①

离岸美元债券的投资者包括美国本土投资者和离岸投资者,但大多数离岸美元债券是被离岸居民购买的。②美国投资者冒险进行离岸投资,通常是因为他们被离岸美元债券相对较高的收益率所吸引,尤其是那些由高增长的新兴市场借款人发行的债券。离岸美元债券使得他们在不受汇率风险影响的前提下从这种高增长中获利。

离岸美元资本市场与离岸美元银行业密切相关,因为通过发行债务离岸筹集的美元通常存放在离岸银行。在大多数情况下,离岸债券发行者借得存放在

---

① Jones, Sam, and Jude Webber, 2012, "Argentine Navy Ship Seized in Asset Fight", *Financial Times*, October 3, https://www.ft.com/content/edb12a4e-0d92-11e2-97a1-00144feabdc0.

② He, Dong, and Robert N. McCauley, 2010, "Offshore Markets for the Domestic Currency: Monetary and Financial Stability Issues", BIS Working Papers No. 320, https://www.bis.org/publ/work320.htm.

离岸银行的美元存款,然后存于另一家离岸银行。在岸市场和离岸市场是相互关联的,但大多数离岸业务中的借款人或贷款人并非美国居民。离岸银行在创造美元贷款的同时也创造了美元存款,在支付和投资的过程中,这些美元在离岸系统中流通。其中一些投资于离岸美元债券,且继续流通。

虽然大多数离岸债券发行是由离岸投资者购买的,但值得注意的是,持有美元资产的离岸投资者以在岸证券的形式持有他们大部分的美元投资。总体而言,海外投资者持有约 20 万亿美元的美国有价证券。[①]例如,外国中央银行在其外汇储备资产组合中持有约 7 万亿美元,其中大部分投资于美国国债或政府支持机构 MBS 等安全美元资产。外国中央银行在本国居民将美元兑换成本国货币时或作为央行执行如货币干预等操作的副产品来获得美元。在利率低于美国的日本和欧元区,机构投资者正在增加对美国国债、政府支持机构 MBS 和公司债等美国资产的投资。他们通常通过外汇掉期贷款获得美元。

美元作为大规模杀伤性武器

欧洲美元系统是离岸的,但无论其来源如何,所有的美元银行业交易都将与美国银行系统相联系。毕竟,如果不能与在岸美元互换,那么离岸美元就不是真正的美元。美国政府拥有对美国银行业系统的控制权,进而拥有对离岸银行系统的控制权。这意味着,美国政府对全世界几乎每一笔通过银行系统完成的美元交易都拥有控制权。让我们通过一个例子来理解这是如何实现的。

假设哈萨克斯坦一家名为 KBank 的银行经营着美元贷款业务。KBank 向其客户贷款 1 000 美元,并将 1 000 美元存入客户账户。随后,客户提取这 1 000 美元,并支付给一家美国供应商,该供应商在名为 UBank 的美国银行开户。KBank 将必须与 UBank 结清 1 000 美元的付款。为此,它有两种方

---

① “Foreign Portfolio Holdings of U.S. Securities as of 6/28/2019”, U.S. Treasury, April 2020, https://ticdata.treasury.gov/Publish/shl2019r.pdf.

法：(1)如果它在美联储有一个准备金账户，那么它可以向 UBank 发送 1 000 美元准备金的电汇；(2)如果它在美国商业银行持有美元作为银行存款，那么它需要要求该商业银行向 UBank 发送 1 000 美元的准备金。在第二种情况下，KBank 的美国商业银行将给 UBank 1 000 美元的准备金，同时在 KBank 的账面存款余额上减少 1 000 美元。在这两种情况下，交易都必须通过美国银行系统进行。

当 KBank 将其美元存款存放在一家非美国商业银行中，而供应商在一家非美国商业银行开户时，情况也是如此。假设 KBank 将其美元作为银行存款存放在伦敦的商业银行中，而供应商存款于巴黎的商业银行。那么，在此情况下，KBank 将要求其伦敦银行向供应商在巴黎的银行汇款 1 000 美元。假设伦敦的银行在一家美国商业银行持有美元，该商业银行拥有美联储账户，而巴黎的这家银行经历困难去开设了美联储账户，因此它不需要在另一家商业银行持有美元。那么伦敦银行将要求其美国商业银行将 1 000 美元电汇到法国银行的账户上，法国银行贷记供应商的账户。美国商业银行将向巴黎这家银行发送 1 000 美元的准备金。尽管两家银行都是外国银行，但美元交易最终必须通过美国银行系统完成。

美国政府通过其对美国银行系统的控制，有权将任何人拒于美元银行系统的门外。如果美国政府决定制裁某人，那么这个人将无法通过世界任何地方的商业银行发送或接收美元。银行非常重视这些制裁，因为如果它们被发现违反这些制裁，它们也可能被美国银行系统拒之门外。这对任何一家银行来说都是死刑判决。2014 年 6 月，法国巴黎银行承认帮助苏丹、伊朗和古巴逃避美国制裁，并通过美国银行系统转移资金。它们被迫支付了一笔令人咋舌的 90 亿美元的巨额罚款。

近年来，美国政府有更强烈的意愿去利用其对美元支付的控制权来推进其政策。这可谓是它拥有的最强大的非致命武器，因为被全球美元体系排除在外几乎无异于被扔进石器时代。由于受到美国和欧元区的制裁，伊朗现在出售石油必须以黄金支付。

世界的中央银行

美国前财政部部长约翰·康纳利(John Connally)有一句名言:“美元是我们的货币,却是你们的问题。”这句评论是他在1971年美国废除金本位制时,对一群震惊的外国官员听众所说的。脱离金本位制给了美国更大的自由去执行宽松的财政政策,但也导致了美元的大幅贬值。这带来了全球市场的混乱,然而美国官员在当时对此并未表示同情。

过去几十年来,美国的政策制定者正逐渐对美元对海外金融状况的影响变得更为敏感。这可能部分是由于全球经济相互关联性更强,国外欠佳的经济和金融状况更容易影响本国的经济。庞大的离岸美元体系的存在具有两个关键意义:它显著增强了美国货币政策对外国经济的影响力,也显著地抬升了金融不稳定性的风险。

美联储对美元利率有重大影响,而美元又在全球范围内使用,因此美联储的货币政策决定具有深远影响。例如,新兴市场的中央银行往往会设定相对较高的利率以对抗通货膨胀。但是如果美联储将其利率设定在一个相对较低的水平,那么新兴市场的企业就会只简单地借入美元。美元被广泛接受,甚至比一些本国货币更受欢迎。实际上,美联储正在从这些其他中央银行的手中,夺取一些对货币政策的控制权。

一个庞大的离岸美元市场可能会不稳定,因为离岸市场参与者并不一定像美国的银行一样有美联储作为最后贷款人。如果美国的一家银行突然遭遇无法满足的提款或者付款要求,但在其他方面财务状况良好,那么这家银行可以从美联储贴现窗口借款。这个安全保护网有助于防止银行挤兑。

欧洲美元体系中的银行不一定有相同的安全保护网。那些在美国设有分支机构的外国银行将可以使用美联储贴现窗口，但许多外国银行在美国没有分支机构。实际上，所有大型外国银行都在美国设有分支机构，但是较小的外国银行就没有。申请并维护在美联储的账户是一个成本很高的过程，对于一家小型外国银行来说通常不值得，取而代之它们会将美元作为存款存放在大型商业银行中。当这些较小的外国银行出现挤兑时，它们就会进入批发融资市场，并开始哄抬美元价格。这些对美元的需求推高美元的短期利率，并会破坏金融市场的稳定性。

在危机期间，美联储已经表示愿意向外国银行放贷且为离岸美元市场提供支持的意愿。在 2008 年金融危机和 2020 年美国新冠肺炎疫情引起的金融恐慌期间，美联储通过外汇掉期协议成为外国银行的最后贷款人。在外汇互换协议中美联储向外国央行借出美元，后者又向其管辖范围内的外国银行放贷。①美联储之所以愿意这么做，是因为它是在借钱给被认为具有良好信用资质且提供外汇作为抵押品的外国央行。美联储实际上扮演了世界中央银行和美元银行体系的最后担保人的角色。

① Aldasoro, Iñaki, Torsten Ehlers, Patrick McGuire, and Goetz von Peter, 2020, "Global Banks' Dollar Funding Needs and Central Bank Swap Lines", BIS Bulletin No. 27. BIS, https://www.bis.org/publ/bisbull27.htm.

第二部分　市场

第5章 利率

利率是所有资产价格的基石，无论是金融资产还是实物资产。例如，购房者在决定他们愿意为一套房子支付多少钱时，会考虑住房抵押贷款利率；企业收购者在对另一家公司进行恶意收购时，其出价也部分基于它们的垃圾债券融资成本的高低；投资者获取现金流并以风险调整利率对其贴现，从而为股票定价。资产需要货币，而利率决定了需要多少货币。

所有美元资产的基准利率是美国国债收益率，也即投资者投资于美国国债所得的收益。因为美国国债收益率被认为是无风险的，所以它为所有风险投资决策提供了一个判断基础。投资者会看一看他们购买国债能够挣得多少钱，然后把这个收益和一项潜在投资能够提供的收益进行对比。投资者期望一项风险投资能够挣得更多，随着风险等级的升高，其额外溢价也将提高。因此，美国国债收益率水平对所有资产的期望收益有显著影响。例如，美国国债收益率水平在一定程度上决定了抵押贷款和垃圾债券的投资者所预期的收益率水平，以及用于进行股票估值的贴现率大小。

美国财政部发行期限从 1 个月到 30 年不等的债券，这些有价证券的收益率形成了美国国债的收益率曲线。收益率曲线往往向上倾斜，意味着更长期限的收益率比短期收益率更高。美联储控制了短期利率，但长期利率在很大程度上是由市场力量所决定的。美国国债收益率水平可能对资产价格产生有力影响,因为较低的收益率意味着较高的资产估值。分析收益率水平和收益率曲线的形状可以告诉我们市场对美联储下一步行动的看法,以及市场对经济增长和通货膨胀的预期。

短期利率

美联储通过其对隔夜利率的控制来控制短期利率。理论上,这正是通过其对联邦基金利率的控制实现的,亦即商业银行在无担保的基础上为准备金支付的隔夜贷款利率。美联储通过设定联邦基金利率的目标区间,能够影响整个短期利率曲线,因为市场参与者将隔夜利率作为稍长期限如 3 个月或 6 个月的参考利率。例如,如果在可预见的未来美联储将联邦基金利率设定在 1%左右,则任意的 3 个月期贷款利率将必须大于 1%,否则贷款人将只在每天以 1%的隔夜利率借出,而不是将资金锁定于一项三个月的投资。

历史上,美联储通过控制银行系统中银行准备金的数量来控制基金利率。法律要求商业银行对存款持有一定水平的银行准备金,而美联储是唯一可以创造准备金的实体。每天,美联储的交易部门都会估算准备金的需求曲线,然后调整银行系统中的准备金数量,以维持联邦基金利率在目标区间内。然而,这种控制联邦基金利率的方法在美联储开始实施量化宽松之后就被淘汰了。量化宽松将银行系统中的银行储备金水平从大约 200 亿美元提高到几万亿美元,已经不再可能通过调整准备金数量来控制基金利率了。

当前,准备金处于很高水平,美联储通过调整其提供给逆回购便利工具(reverse repo facility, RRP)的利率和支付给银行在美联储账户中的准备金的利息,从而控制联邦基金利率。RRP 为广泛的市场参与者提供了以 RRP 报价利率向美联储贷款的选择。这些市场参与者包括货币市场基金、一级交易商、商业银行和一些政府支持机构。这种以 RRP 报价利率向美联储提供无风险贷款的选择,为投资者愿意从私营部门接受的回报设定了一个下限。例如,如果投资者能够以 1%的利率向美联储提供无风险隔夜贷款,那么他永远不会愿意以低于 1%的利率放贷。RRP 报价利率有效地设定了市场上的最低隔夜利率。该利率通常设定在美联储目标范围的最底端,以防止基金利率跌至该范围以下。

美联储通过调整其支付给准备金的利息,确保了联邦基金利率保持在其目标区间之内。在危机之前,美联储不向准备金支付利息。商业银行这种从美联储获得无风险利息的能力,使得它们考虑在联邦基金市场上借贷时具有了议价能力。如果准备金利率是 1%,则银行只在它们收到大于 1%的利率时才会出借准备金。否则,银行只会让它的准备金留在美联储以赚取 1%的利息。一些商业银行愿意从基金市场借款,但仅在其利率低于准备金利率的时候。[①]这是因为它们可以将这些资金存入其美联储账户,并赚取基金利率和准备金利率之间的差额。注意,有时一些商业银行会将联邦基金视为一种成本相对较低的资金来源,甚至以高于准备金利率的利率借款。这些银行可以推动联邦基金利率至高于准备金利率的水平,但它们仍将准备金利率作为参考利率。因此,美联储可以通过调整准备金利率来调整联邦基金利率,使后者保持在目标利率范围之内。近年来,美联储已经持续地通过调整银行准备金利率来调整联邦基金利率。

美联储视其对联邦基金利率的掌控为它的工具箱的必要组成部分,并一直愿意竭尽全力地维持这种控制。近年来,美联储只有一次失去对联邦基金利率的掌控:在 2019 年 9 月 17 日。这一天,隔夜回购市场上出现了巨大的波动,利率翻了一番,超过了 5%。联邦基金市场的放贷者看到隔夜回购市场的高利率,以此为议价能力推高了联邦基金利率,使其脱离了美联储的目标区间。作为应

---

① 一些实体在美联储拥有准备金账户,但并不赚取准备金利息。这些实体包括房利美、房地美和联邦住房贷款银行。由于这些实体不从其准备金中赚取任何利息,因此它们愿意以低于准备金利率的利率借出其准备金。

对，美联储重启了量化宽松，开始在回购市场上放贷数千亿美元，这是自 2008 年金融危机以来美联储从未做过的事情。这使得隔夜回购利率得到控制，联邦基金利率重新回到了目标区间。

实际上，RRP 报价利率可能是一个比联邦基金利率更有影响力的利率。RRP 利率适用于广泛的市场参与者，而联邦基金利率仅仅适用于商业银行。这意味着 RRP 利率的波动会影响更广泛的市场参与者群体的机会成本。此外，自 2008 年金融危机以来，因为监管规定不鼓励商业银行在基金市场上借款，基金市场的活跃性已经明显下降，这使得基金利率的变化对更广阔市场的利率的影响变小。

美联储对隔夜利率的严格控制使得其能够控制美国国债的收益率曲线，尽管随着期限的增加，其影响力会迅速减小。市场参与者将会使用美联储设定的隔夜利率，作为 1 周、1 个月期、2 个月期等美国国债收益率的合理水平的参考。①假设美联储预计不会调整其目标区间，则市场参与者将预期这些短期无风险利率略高于隔夜无风险利率；否则，放贷者只会连续地隔夜放贷，并保留随时取钱的权利，而不是将其锁定为定期资产。然而，在收益率曲线上，对于越长的期限，当前的隔夜利率就越不重要。这是因为美联储会根据经济前景的变化，调整其未来的隔夜利率，所以对于超过未来几个月的期限而言，经济状况的预期变得越发重要。期限长于短期的利率在很大程度上取决于市场参与者的观点。

长期利率

尽管美联储决定短期利率，但长期利率却是由市场决定的。当投资者考虑

① 在实践中，从隔夜无风险利率（RRP 利率）波及定期无风险利率还需要一些步骤。隔夜 RRP 利率影响隔夜国债回购利率，进而影响定期国债回购利率，进而会影响短期国债的定价。RRP 是一种与无风险对手方（美联储）的隔夜逆回购工具，因此它直接影响隔夜逆回购市场。

长期放贷时,他们会把很多因素纳入考量,如美联储将会如何设定短期利率、对未来通货膨胀的估计、这些估计的波动性大小,以及美国国债发行的未来供需动态。由于政策利率的预期路径只是问题的一小部分,所以美联储对长期利率只有较弱的影响。

一个考虑长期收益率的常用框架是,将其分解为两个组成部分:短期利率的预期路径和期限溢价。例如,从 10 年期国债中获得的预期收益,应该相当于向美联储提供 10 年的无风险隔夜贷款再加上锁定资金 10 年产生的溢价。前一部分取决于市场对美联储未来行动的看法,而这又取决于市场对未来通货膨胀的看法。幸运的是,有一种简单的方法可以看出市场对未来政策走向的预期。

短期利率期货市场可以让我们一窥市场对未来短期利率的预期。最受欢迎的短期利率期货是欧洲美元的期货市场。欧洲美元期货市场是世界上最具深度和流动性的衍生品市场。欧洲美元期货本质上是市场对未来 3 个月期 LIBOR 利率的最优估计。由于 3 个月期利率完全受美联储的控制①,所以在很大程度上这是一场关于美联储未来将如何行动的赌博,而这场赌博又取决于经济形势的发展。

在所有金融工具之中,欧洲美元期货是最能够反映经济基本面的。欧洲美元的交易商知道美联储将会根据经济表现做出反应,因此他们关注硬经济数据,即便其他资产类正陷于或好或坏的状态之中。很多时候,他们甚至和美联储持有不同观点。

例如,在 2018 年 9 月,美联储通过“点图”的预测,宣布预计将在 2019 年加息 75 个基点。欧洲美元期货市场看到了这一点,并内化了加息的影响。在当年 12 月会议上,美联储将 2019 年的加息预期略微下调至 50 个基点。然而这一次,欧洲美元市场预测美联储将在 2019 年降息。欧洲美元的交易员可能认为,12 月股市的大幅下跌将迫使美联储改变想法。而正如通常所见的那样,市

---

① 在实践中,LIBOR 还包含信贷成分。在严峻的市场压力下,即使美联储不改变其政策立场,LIBOR 也可能增加。这是由于违约风险的上升。

场是正确的,最终美联储在 2019 年三次降息。

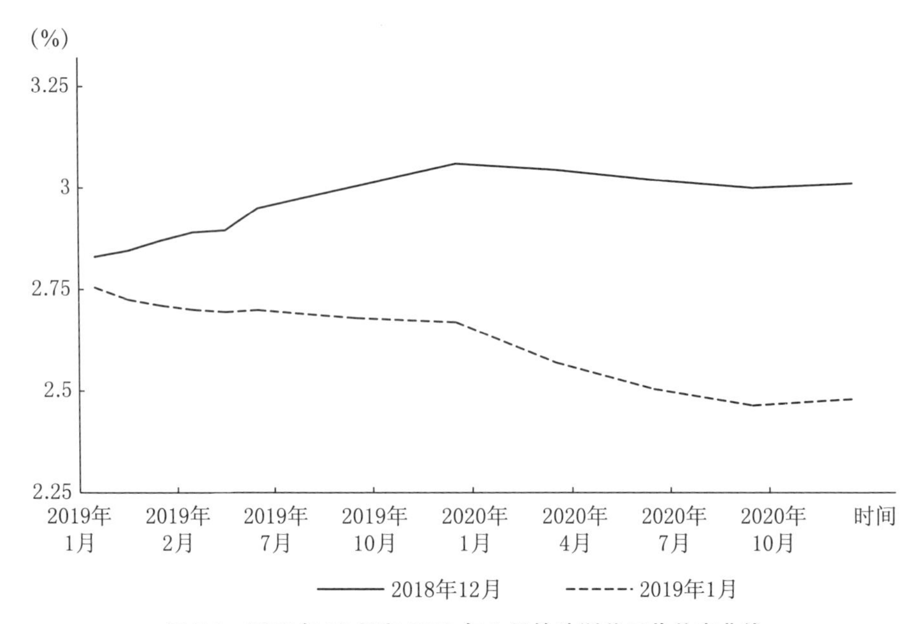

图 5.1　2018 年 12 月和 2019 年 1 月的欧洲美元收益率曲线

资料来源:Bloomberg。

每个日历年度中有四种主要的欧洲美元期货合约,它们以其到期的月份命名:3 月、6 月、9 月和 12 月。每一份合约都是一份押注,预测 3 个月期 LIBOR 在合约当月到期日的水平。欧洲美元合约在未来的很多年内都有效,所以市场参与者可以轻松看到市场对未来很长一段时间内短期利率的预期。例如,2027 年的 3 月欧洲美元合约的隐含利率将是市场对 2027 年 3 月的 3 个月期 LIBOR 利率的最优预测。

市场参与者可以通过观察欧洲美元期货的隐含利率,了解市场对短期利率走势的最优预测。[①]而后他们可以以此为基准,将其与美国国债收益率目前的交易水平进行比较,得到期限溢价。[②]诚然,"期限溢价"确实无法用短期利率的预

① 实际上,3 个月期 LIBOR 和联邦基金利率之间仍然存在随时间波动的利差。为了更清楚地梳理短期利率的预期路径,需要复杂模型来计算这种利差。

② 期限溢价的计算是复杂且高度依赖于模型的。每个模型可能会使用不同的输入值,基于不同的假定,最终得到不同的值。

测路径来解释。但是，认为投资者在投资于长期国债时要求一个期限溢价，也是合理的。

在最近几年，使用 ACM（Adrian-Crump-Moench）模型估计出的期限溢价一直处于历史低位。这可能是近年来较低的通货膨胀波动率，以及投资者通过持有美国国债所得的对冲收益所致。①20 世纪 70 年代到 80 年代，通货膨胀水平一度很高且波动较大，但最近十年的通货膨胀一直非常温和。较低的通货膨胀波动率可以使得预测更加精确，从而降低投资者要求的期限溢价水平。另外，近年来股票和美国国债之间的负相关性越来越强。这使得持有美国国债作为对冲美国股市下跌的工具变得很有价值。因此，即使在期限溢价很低的时候，投资者也可能愿意持有美国国债。

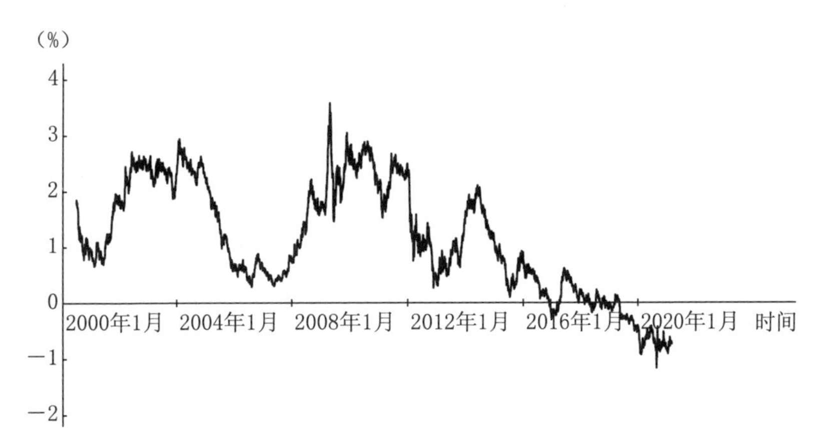

图 5.2　ACM 模型期限溢价（10 年期国债）

资料来源：Bloomberg。

上述讨论提供了一个思考如何确定长期利率的理论框架，但基本的供需动态也起着重要作用。正如许多其他产品，供应增加会导致价格下降。当美国财政部发行的美国国债超过市场预期时，这些国债的收益率就必须提高以吸引更

① Clarida, Richard, 2019, "Monetary Policy, Price Stability, and Equilibrium Bond Yields: Success and Consequences", Speech, November 12, https://www.federalreserve.gov/newsevents/speech/clarida20191112a.htm.

多的投资者。可惜的是,美国国债的供给和需求都很难预测。

美国国债的供应是由联邦政府的赤字决定的。当联邦政府宣布巨额预算赤字时,国债市场通常会将这一消息解读为美国国债供应增加,收益率随之小幅上涨。美国财政部每季度发布一次赤字估计以引导投资者,但实际上,这些数据的用处并不大,因为赤字水平最终是一个政治决定。未来的政治家可能会调整支出或税收,使这些预测毫无用处。此外,美国财政部对于其发行的债券的期限也有一定的灵活性。集中发行短期国债对长期国债收益率的影响有限,而发行长期国债则对长期国债收益率有直接影响。美国财政部也将会不时地提供新的债券产品来为联邦赤字提供资金,最近的一次是在 2020 年第二季度发行的 20 年期国债。所有这些变量都难以预测。

未来的美国国债需求和未来的美国国债供应一样难以预测。这是因为美国国债被世界各地的投资者购买,而外国的需求在一定程度上取决于外国的货币政策和对外贸易政策。近年来,日本和欧元区的负利率提高了对美国国债的需求,而美国国债持续提供正收益。美国长期的贸易逆差使许多国家积累了大量美元,这些国家反过来将这些美元再投资于美国国债。中国和日本对美国有着巨大且持续的贸易顺差,分别持有约 1 万亿美元的美国国债。①贸易政策或外国货币政策的变化,会对国际市场上美国国债的需求产生重大影响,但难以被预测。

在美国国内,美联储是美国国债最大的买家。美联储的行动很难预测,因为这取决于当时的金融状况和政策制定者的判断。2019 年,由于联邦政府不断扩大的赤字,许多市场参与者预计美国国债收益率将会上升。2020 年新冠肺炎疫情引发的金融恐慌向美国袭来之时,美联储决定在几周内购买超过 1 万亿美元的美国国债,并承诺在未来继续大量买入。这本质上解决了需求问题,并将美国国债收益率保持在历史最低水平。美国新冠肺炎疫情引发的金融恐慌和

① U. S. Treasury, "Major Foreign Holders of Treasury Securities", https://ticdata.treasury.gov/Publish/mfh.txt.

美联储的强烈反应，是不可能被预测的。随着美联储购买美国国债的意愿变得越发强烈，其他影响长期收益率的因素似乎变得不那么重要了。

除了美联储之外，美国国内的主要投资者包括养老基金、保险公司、商业银行和共同基金。监管激励这些投资者持有如国债等低风险资产。例如，《巴塞尔协议Ⅲ》要求大型商业银行持有大量如美国国债的高质量流动性资产。这些国内投资者对美国国债的需求似乎稳定，但随着监管框架的任何修改，这种需求都可能发生变化。例如，允许更多风险承担的监管调整将会抑制对美国国债的需求，美国国债是安全的，但收益率非常低。当养老金无法承担其义务时，养老金危机迫在眉睫，这很可能会导致此类监管调整。

收益率曲线的形状

除了收益率水平，收益率曲线的形状也是投资者重要的观察对象。收益率曲线可以被用于推断市场对经济状况的看法。市场参与者经常聚焦于倒挂的收益率曲线，即一种长期收益率（通常为 10 年期美国国债）低于短期收益率（通常为 2 年期美国国债或 3 个月期美国短期国债）的收益率曲线形状，将此作为经济很快陷入衰退期的一个标志。

回想一下，长期利率在一定程度上是由市场对短期利率未来走向的预期所驱动的。当长期利率低于短期利率时，市场预计美联储很快会降低短期利率。这即将到来的降息已经反映在长期国债的定价之上。市场认为美联储将很快降息，因为它察觉到经济疲软，这将促使美联储采取行动。债券市场的参与者都见多识广、经验丰富，对经济状况极其敏感，所以他们的判断不可以被轻视。实际上，市场经常虽然不总是在美联储弄清情况之前就觉察到经济疲软。

收益率曲线的形状在一定程度上取决于美联储的行动。美联储通过量化宽松政策购买较长期证券，这实际上降低了较长期收益率，从而通过对较长期收益率施加下行压力，而使收益率曲线变得平缓。在过去，美联储也曾通过出售短期国债和购买长期国债的方式，使收益率曲线变平缓。①这不仅通过给长期利率施加下行压力，也通过提高短期利率，而使收益率曲线变平缓。因此，美联储投资组合的规模和构成都能够影响美国国债收益率曲线的形状。

一些评论人士指出，美联储的介入可能会导致美国国债收益率反映经济基本面的能力减弱。在2020年中期，美联储持有的未偿国债份额约为20%，这个比例在主要央行中相对较低，但正在逐渐增加。随着绝大多数未偿国债被自由交易，美国国债收益率似乎仍然对经济情况很敏感。即使受到美联储行动的影响，利率仍被视为反映潜在经济状况的最佳市场信号。

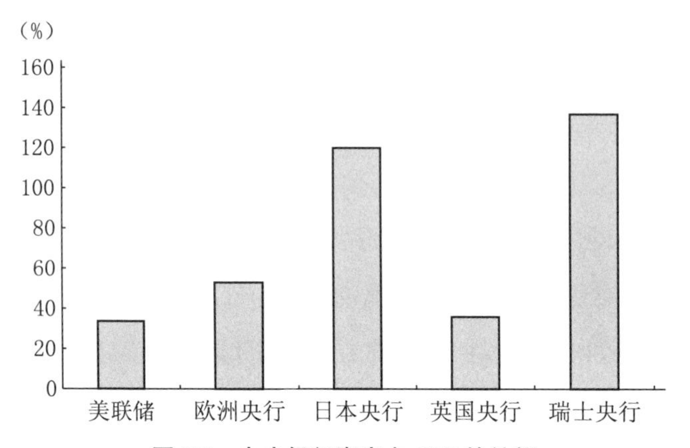

图5.3 中央银行资产占GDP的份额

资料来源：Haver，经作者计算得到，截至2020年6月。

① 此即2011年9月21日宣布的期限延长计划(Maturity Extension Program)。

第6章　货币市场

货币市场是短期贷款的市场，期限范围从隔夜到一年左右。它是金融体系的流通管道(plumbing)，维持着金融体系的运转，但却在人们视线可及的范围之外。通常影子银行和商业银行拥有长期的非流动性资产，这些资产由从货币市场借入的短期流动性负债提供资金。如果没有运转良好的货币市场，银行将无法运作。当货币市场崩溃，这些实体不能够展期其短期债务，被迫出售资产以偿还贷款。从历史上看，货币市场的崩溃会导致大量抛售，进而引发金融危机。

存在有抵押货币市场和无抵押货币市场两类市场。在有抵押货币市场中，借款者提供金融资产作为短期贷款的抵押品。在无抵押货币市场中，借款人不提供抵押品，而是基于自己的信誉进行借款。在2008年金融危机后的世界中，旨在加强金融体系的新监管导致了结构性变化，这对无抵押货币市场不利。《巴塞尔协议Ⅲ》禁止商业银行在无抵押货币市场借款，而货币市场改革则大幅减少了无抵押货币市场的贷款数量。尽管无抵押货币市场仍相当庞大，但其重要性已经相应降低。随着目前美联储公布有抵押隔夜参考利率，并通过持续的回购操作来控制有抵押隔夜利率，有抵押货币市场似乎越来越多地成为借款人和监管机构的货币市场选择。

有抵押货币市场

有抵押货币市场是指以金融资产作为抵押的短期贷款市场。如果借款人拖欠贷款，那么贷款人可以拿走抵押品以偿还贷款。有抵押货币市场两个最大的组成部分是回购市场和外汇掉期市场。回购贷款是以国债、公司债、MBS或股票等有价证券为抵押的。外汇互换贷款是以某种通货作为抵押品的另一种通货下的贷款，如以1 000美元为抵押的1 000欧元贷款。

在回购交易中，借款人向贷款人"出售"一种证券，同时签订协议约定在未来某个日期以稍高的价格回购同一种证券。这种交易价格将低于证券的市场价值，从而为贷款者提供了对于安全性的额外补偿。在经济学上，这相当于用证券作为抵押品借钱。为回购证券而支付的稍高的价格相当于贷款利息。从破产法的角度来看，这种交易结构是有好处的；即使借款人申请破产，贷款人也可以没收抵押品，因为从技术层面上来说，抵押品已经被卖给他们。如果交易以抵押贷款的形式进行，那么贷款人必须在没收抵押品之前通过破产法庭审理。在实践中，大多数回购交易是由美国国债和政府支持机构MBS等安全资产所担保的隔夜贷款。

回购市场规模庞大，并且对现代金融体系至关重要。由于数据收集的限制，美元回购市场的规模尚不完全清楚，但估计在3.4万亿美元左右。[①]其中最庞大的部分，也即以美国国债担保的隔夜贷款，大约每天有1万亿美元。[②]美元

---

① Baklanova, Viktoria, Adam Copeland, and Rebecca McCaughrin, 2015, "Reference Guide to U.S. Repo and Securities Lending Markets", Staff Report No. 740, Federal Reserve Bank of New York, December, https://www.newyorkfed.org/medialibrary/media/research/staff_reports/sr740.pdf.

② 请参阅 Federal Reserve Bank of New York, "Secured Overnight Financing Rate", https://apps.newyorkfed.org/markets/autorates/SOFR。

回购交易在全球所有的主要金融中心进行。回购市场既被用作流动性的深层来源,也被用作低成本杠杆的市场。

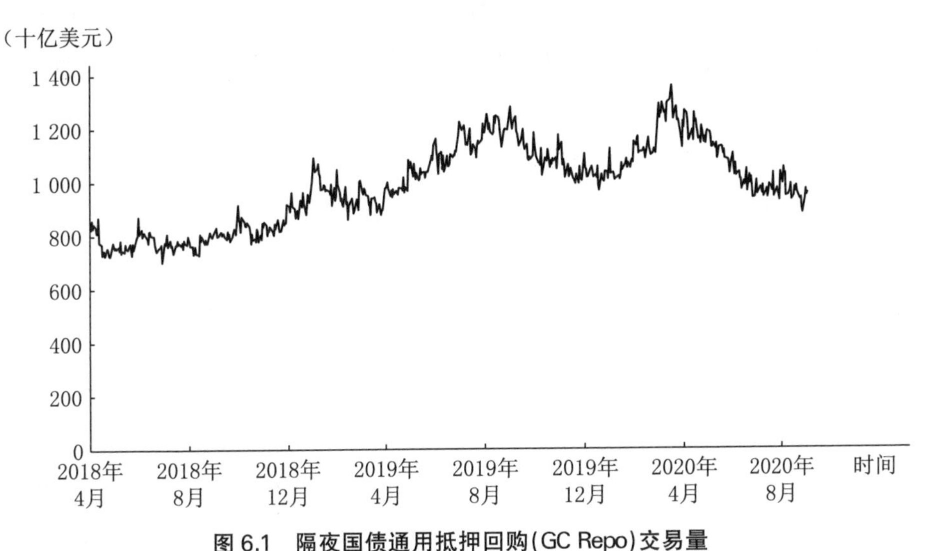

图 6.1　隔夜国债通用抵押回购(GC Repo)交易量

资料来源:美联储有担保隔夜银行融资利率。

回购市场是使国债成为"货币"的关键环节。美国国债市场已经是世界上最深的且最具有流动性的市场,但 1 万亿美元的隔夜回购市场更进了一步,允许直接持有的美国国债在任何时候几乎无成本地转换为银行存款,并在第二天返还相同的美国国债。当然,借款人可以轻松地将隔夜回购贷款展期至他们想要的期限,或选择一个更长期限的回购贷款。这使得美国国债可以与银行存款相互替代,从而将其转化为货币,并赋予了美国财政部印钞的权力。

回购市场还是一个低成本杠杆市场。投资者可以通过将一小部分资金买作股票投入市场,然后在回购市场借入其余资金,来对证券进行投机。这是因为投资者可以购买一种证券,同时签订回购协议,以该证券为抵押进行贷款,接着用回购贷款的所得支付购买该证券的初始费用。例如,一个想要投资 100 美元美国国债的对冲基金,可以先付 1 美元自己的钱,最后在回购交易中借来剩余的 99 美元。下面将解释它的具体步骤。

第一步:对冲基金 A 从对冲基金 B 那里购买了 100 美元美国国债。

第二步:与此同时,对冲基金 A 与交易商进行回购交易。对冲基金 A 以 99 美元的价格出售这个 100 美元美国国债,并同意明天以 99.01 美元买回该美国国债,其中 0.01 美元为隔夜贷款的利息。对冲基金 A 不能以 100 美元的价格出售该美国国债,因为交易商会要求一个小的折扣率以保护自己不受抵押品价值变化的损失。在这个例子中,交易商将美国国债视为质量非常高的抵押品,仅仅要求了 1%的折扣率。

第三步:对冲基金 A 从交易商那里获得 99 美元,加上自己的 1 美元,支付给对冲基金 B 100 美元。从而,对冲基金 A 只用自有资金中的 1 美元就购买了 100 美元的美国国债。

第四步:次日,对冲基金 A 有义务以 99.01 美元的价格从交易商手中买回这 100 美元的美国国债,其中 0.01 美元是隔夜贷款的利息。对冲基金 A 可以续期这一项贷款,也可以通过在市场上以 100 美元出售该美国国债并用收益向交易商支付 99.01 美元来结束交易。

在实践中,通过回购贷款来加杠杆的借款人可以采用以下几种常见策略:他们可能希望购买的证券升值,从而可以赚取所购买证券超过回购贷款利息成本的利息部分,也可以使用安全资产作为投资组合另一部分的对冲,或者作为套利策略的一部分。在任何情况下,回购市场都使得借款人能够用少量自有资金持有大量头寸。

回购市场上的现金借款人主要是交易商和从交易商处借款的投资基金。通常,货币市场基金会借资金给交易商,交易商再用这笔资金去为自己的证券库存融资,或充当中介,将资金再借给对冲基金客户。

回购市场的主要现金贷款人是货币市场基金,它们每天贷出约 1 万亿美元。货币市场基金倾向于将资金投入回购市场,因为它们重视流动性和安全性。回购贷款的期限较短,使货币基金能够轻松满足投资者的赎回需求,而高质量的抵押品使它们能够在不担心违约的情况下放贷。因此,货币市场基金可以几乎无风险地存放资金、赚取利息,并拿回资金以防有投资者撤资。

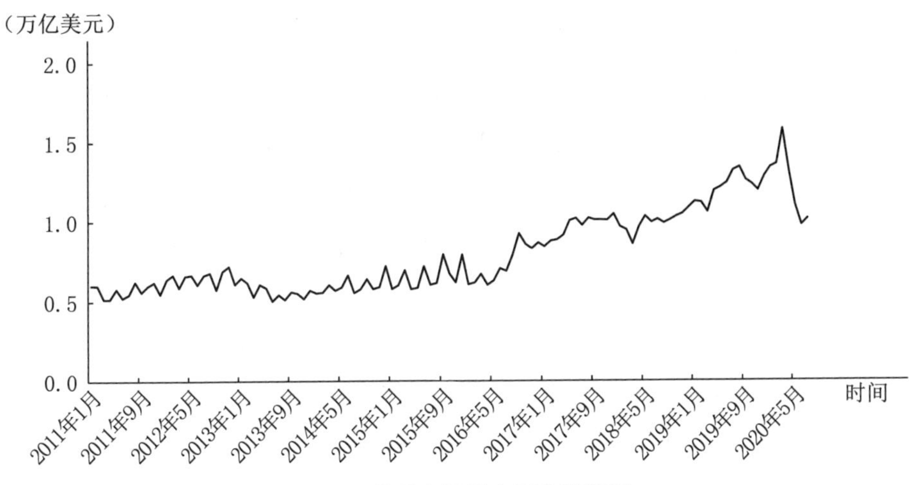

图 6.2　货币市场基金回购投资额

资料来源：金融研究办公室（Office of Financial Research）。

近年来，美联储通过其回购和逆回购便利工具成为回购市场上的活跃的借款人和贷款人。这两种便利工具被美联储用以控制回购利率。美联储的逆回购便利工具为货币市场基金提供了一个以固定利率存放资金的地方。这有助于美联储维持回购利率的下限，因为它为货币基金提供了对抗交易商的强大议价能力。美联储的回购便利工具也具有类似的目的：它的作用是防止回购利率过高。回购便利工具以固定利率向一级交易商提供几乎无限制的回购贷款，这一利率随后作为回购利率的软上限。如果货币市场基金要求的利率高于美联储的回购便利利率，交易商可以直接从美联储借款。逆回购便利利率和回购便利利率之间的利差通常不到一个百分点。

深入了解回购市场

回购市场是大多数人从未听说过的最大和最重要的市场。其规模约为3.4万亿美元，主要由三部分组成：三方（tri-party）、未清算双边交易（uncleared bilateral)和固定收益清算公司(FICC)清算(cleared FICC)。①

三方回购市场是指在清算银行的回购平台上进行的交易，清算银行进行交易的抵押品估值、证券托管、支付结算等运营后台工作。三方回购中的现金出借方不具体说明他们接受的抵押品；例如，以美国国债作为抵押放贷的贷款人将接受任何期限的国债抵押品[称为"一般抵押品"(general collateral)]。* 在美国，唯一的三方平台由纽约梅隆银行(Bank of New York Mellon)运营。三方回购基本上是一种用户友好的回购方式。因此，货币市场基金或公司财务主管等现金贷款人在三方平台上交易大部分回购协议。三方回购中的现金借款人往往是交易商，他们要么为库存证券融资，要么借入现金以贷给对冲基金客户。纽约联储的数据显示，三方回购市场规模约为 2.2 万亿美元。②

清算固定收益回购(cleared FICC repo)是指通过清算所 FICC 集中清算的回购交易。FICC 回购市场是一个交易商间市场，所以所有的交易都在交易商之间进行。FICC 的交易商可以为其贷款申请特定的抵押品；例如，贷出现金的交易商可以指定其只接受最近发行的美国国债。中央清算意味着，当两个交易商就回购交易达成一致时，他们向 FICC 提交交易，随后由 FICC 作为各个交易商的交易的另一方。如果交易商 A 同意以美国国债为抵押从交易商 B 借入 100 美元，通过所谓的合同变更(novation)的过程，FICC 成为每个交易商的对手方。交易结束时，交易商 A 将从 FICC 借入 100 美元，而交易商 B 将贷出给 FICC。这降低了对手方风险，因为 FICC 被视为高质量对手方。由于所有 FICC 回购最终的交易对手方都是 FICC，因此它还允许对 FICC 回购中的借贷进行净额结算。这有助于通过缩小其资产负债表规模来提升交易商的监管指标。FICC 回购市场的规模估计略高于 1 万亿美元。

---

① 回购市场的第四部分，即一般抵押融资(GCF)市场，近年来大幅萎缩，仅约 1 000 亿美元。GCF 是一个以三方结算的交易商间市场。

* 回购利率低于一般抵押品的抵押品称作特殊抵押品，是与一般抵押品相对而言。与其他抵押品相比，特殊抵押品在回购市场或现金市场中有额外需求，这使得它们在交易或定价时享有一定溢价。——译者注

② 最新数据请参见 Federal Reserve Bank of New York, "Tri-Party/GCF Repo", https://www.newyorkfed.org/data-and-statistics/data-visualization/tri-party-repo。

未清算双边交易是指不受三方平台协助，也没有通过合同变更过程转到FICC处理的回购交易。这些交易通常在交易商和现金贷方之间进行，后者要么规模对于三方平台来说太小，要么规模大到他们可以提出比三方平台上更灵活的条款。对于这部分市场没有官方数据。

另一个主要的有抵押货币市场是外汇掉期市场，这是一个外币贷款市场。外汇掉期交易类似于回购交易，但所使用的抵押品不是证券而是外币。例如，3个月的欧元—美元外汇掉期是以美元为抵押借入欧元。以美元结算的一方将支付类似3个月期LIBOR的美元利率，并从以欧元结算的一方获得类似3个月期Euribor的欧元利率。[①]外汇掉期可以让投资者获得外汇，并且对冲外汇风险，从而很容易抹去该市场上的任何投资收益。

外汇掉期市场是一个巨大的市场，据估计，其日交易量约为3.2万亿美元。[②]大多数交易都在其中一端使用了美元。这反映了美元在世界上的重要地位，外国公司和外国投资者都有强烈的美元需求。外国公司需要美元来进行国际贸易，外国投资者需要美元来投资美国资产。外汇掉期市场上的美元借款者往往是美国的商业银行、希望投资于外国资产的美国投资者，或希望从美元储备中获得回报的外国央行。

近年来，美国的利率一直高于其他发展中国家。随着日本和欧元区将政策利率下调至负值，美国利率仍为正值。负利率令日本和欧元区投资者难以进行

---

① 技术上而言，借款人进行即期外汇交易以购买外币，同时进行远期交易以出售该外币。远期利率考虑了利率差和基差。在外汇基差掉期这个密切相关的工具中，双方交换货币金额，相互支付包括基差（如果有的话）的持续利息，随后在交易结束时返回相同的货币金额。外汇掉期和外汇基差掉期在经济上是等价的。更多信息请参见Baba，Naohiko，Frank Packer，and Teppei Nagono，2008，"The Basic Mechanics of FX Swaps and Cross-Currency Basis Swaps"，*BIS Quarterly Review*，82，https://www.bis.org/publ/qtrpdf/r_qt0803z.htm。

② "Triennial Central Bank Survey of Foreign Exchange and Over-the-Counter (OTC) Derivatives Markets in 2019"，BIS，2019，https://www.bis.org/statistics/rpfx19.htm.

投资，这促使其中许多人在其国家境外寻找收益。然而，任意外国投资只有在汇率风险得到对冲的情况下才有意义。例如，假设美国国债的收益率比日本政府债券高 2%。虽然对于利率而言，2%意味着一个很大的差异，但日元兑美元汇率 2%的波动相对来说还是比较常见的。因此，尽管日本投资者可以从美国国债中获得更高的回报，但如果日元突然升值，他们很容易失去这一切回报，甚至失去更多。外汇掉期允许日本投资者对冲汇率风险，但其价格可能并不总是合理的。除了支付美元利率之外，外国投资者通常还必须支付一个基差。

外汇掉期市场和其他市场一样也受到供求动态的影响，这种动态反映在外汇掉期的基差上。根据上述例子，如果市场上对美元的需求大于对日元的需求，那么日元贷款人将不得不提供高于 3 个月期美元 LIBOR 的利率来吸引美元贷款人。这种额外利息（即基差）是由市场决定的，它是全球美元需求的晴雨表。寻求投资美元资产的外国投资者，通常考虑扣除外汇对冲成本后的回报，而这可能足以让收益率较高的美元投资失去吸引力。注意到日元贷款人将支付美元贷款的美元利息，并收到日元贷款的日元利息。在如日本这样的负利率国家，日元贷款人所借出的日元将会获得负利率，也就是说他们将为这笔美元贷款和这笔日元贷款都支付利息。通常，美元与主要货币对的外汇掉期基差只有不到百分之一。但在经济下行期间它可能会更高。在 2020 年美国新冠肺炎疫情暴发初期的金融恐慌期间，对美元的需求将基差推至 1.5%左右，美元借款人必须支付 3 个月期美元 LIBOR 加上 1.5%（见图 6.3）。

在 2008 年金融危机期间和 2020 年美国新冠肺炎疫情引发的金融恐慌期间，主要美元交叉汇率（major dollar crosses）的外汇掉期基差在短短几周内从不到百分之一飙升至原来的数倍。[①]这意味着美元融资市场面临巨大压力，因为

① Coffey, Niall, Warren B. Hrung, Hoai-Luu Nguyen, and Asani Sarkar, 2009, "The Global Financial Crisis and Offshore Dollar Markets", *Federal Reserve Bank of New York Current Issues in Economics and Finance* 15, no. 6, https://www.newyorkfed.org/research/current_issues/ci15-6.html.

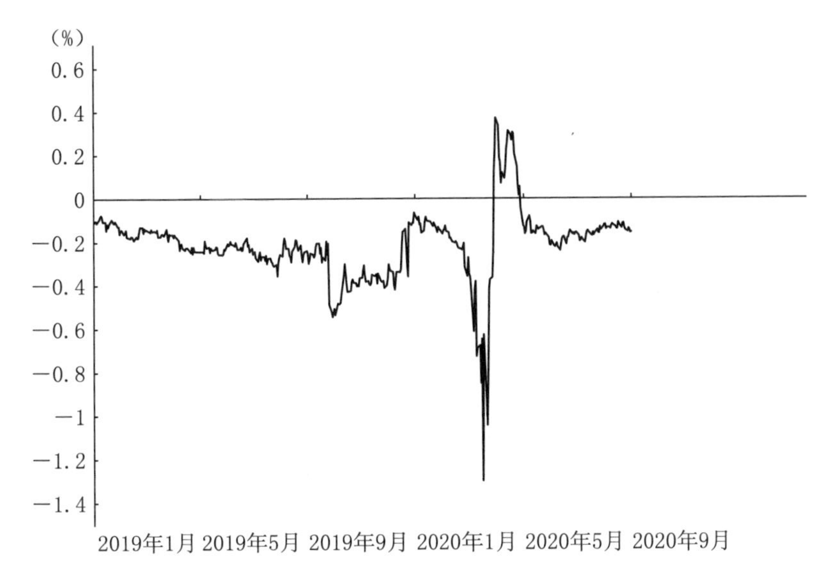

图 6.3　2020 年美国新冠肺炎疫情暴发期间 3 个月期日元兑美元基差

资料来源：Bloomberg。

借款人无法借入美元，除非他们提供特殊利率。这可能发生在美元持有者撤回外汇掉期贷款以保存美元并在市场动荡期间降低风险的情况下。当美元贷款方撤出时，在外汇掉期市场短期借入美元、以购买较长期美元资产的外国投资者，可能会被迫以极低的价格出售这些资产。拥有美元贷款业务并通过外汇掉期市场管理汇率风险的外国银行，可能会被迫以非常高的利率展期其外汇掉期贷款，从而导致大量资本损失，使得它们减少放贷活动。所有这些都给金融市场带来了巨大的压力。

在两次危机中，仅当美联储介入，并提出与其他主要央行进行外汇掉期交易时，外汇掉期市场才得以平静下来。美联储会把美元借给由外国央行的准备金作为担保的外国央行，然后外国央行将这些美元借给其司法管辖范围内的银行。在两次危机中这些行动都有效地稳定了外汇掉期市场，但却花费了数千亿美元的紧急掉期贷款。

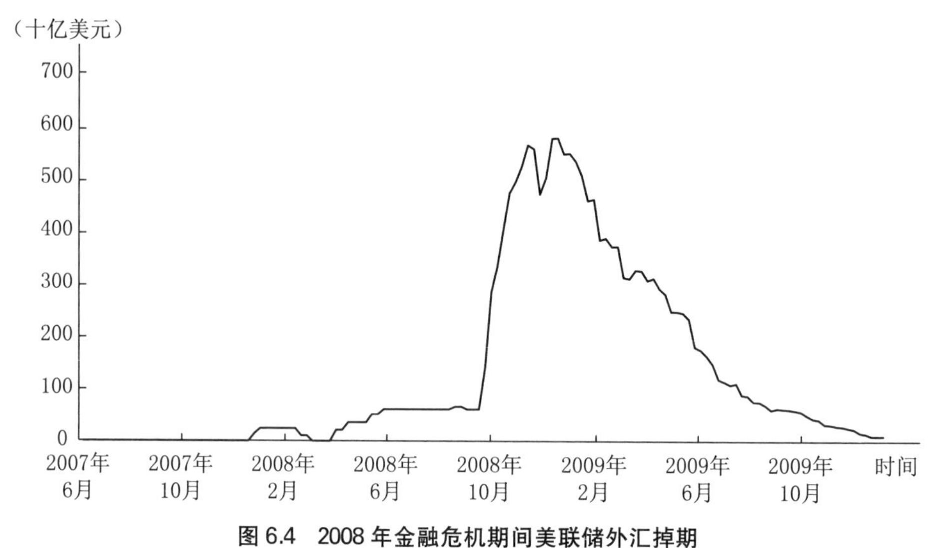

图 6.4　2008 年金融危机期间美联储外汇掉期

资料来源：FRED。

货币市场是全球性的

内行的投资者通常将货币市场视为一个全球市场，他们可以在世界上自由行动以寻求最高回报。他们研究全球范围内的货币市场产品所提供的利率，同时考虑外汇对冲成本。例如，即使欧元区主权国家以低于零的利率发行短期债务，如果考虑外汇对冲成本，美国投资者仍会发现这比收益率为正的短期美国国债更具吸引力。

2019 年 12 月的市场定价	
3 个月期美国短期国债	1.5%
3 个月期法国国债	−0.6%
3 个月期欧元 LIBOR	−0.4%
3 个月期美元 LIBOR	1.9%
3 个月期欧元—美元外汇掉期基差	0.2%

2019 年底，3 个月期法国短期国债的收益率为 −0.6%，而 3 个月期

美国短期国债的收益率为1.5%。从表面上看，美国投资者投资3个月期美国短期国债比投资3个月期法国短期国债可得更高的收益(1.5%相较于-0.6%)。但对于外汇对冲的基差，情况并非如此。如果投资者将他们的美元兑换成欧元，然后投资于3个月期法国国债，那么他们将通过贷出美元赚取3个月期美元LIBOR，为欧元支付负的3个月期欧元LIBOR(即获得正利息)，收到外汇掉期基差，但负收益率法国国债下跌0.6%。总而言之，他们将得到1.9%(1.9%+0.4%+0.2%-0.6%=1.9%)的收益，比同期美国短期国债高0.4%。

只关注国内利率可能会具有误导性，因为货币市场是全球性的。一个国家的利率变化会通过套利自动影响其他国家的利率变化。由于复杂程度和风险承受能力不同，并非所有投资者都可以参与套利，因此套利机会仍是存在的。

无抵押货币市场

无抵押货币市场是一种短期贷款市场，其偿付承诺除了对借款人的信心以外没有任何担保。这些贷款往往比抵押贷款提供更高的利率，因为涉及更高的风险。有抵押借款人在很大程度上根据贷款的抵押品质量来借钱，而无抵押借款人则严重依赖于评级机构以确定借款人的信誉。常见的无抵押货币市场工具包括定期存单、商业票据和联邦基金。在2008年危机之后，无抵押货币市场已经变得不那么重要，因为监管不支持银行从中借款。

在2008年金融危机之前，商业银行是无抵押货币市场的主要参与者。众所周知的3个月期LIBOR基准利率，实际上是商业银行在无抵押的基础上借入3个月期美元所需支付的基准利率。对于商业银行而言，在无抵押货币市场上借款是一种扩大贷款组合的简单方法，而无需担心存款外流。当一家商业银行大举扩大其贷款组合时，往往会出现存款净流出，因为新增的存款被借款者花掉，最终存入其他商业银行。在这种情况下，商业银行即使没有抵押品，也可以进入市场，在无抵押货币市场借款，以弥补损失的存款。

无抵押货币市场中的最大部分是定期存单，它在本质上是一种存款，在预定的到期日之前不能提取。虽然定期存单的数据尚未公开，但根据美联储数据，商业银行的定期存款在2020年约为1.6万亿美元。定期存款是一种范围稍广的银行负债，包括定期存单。这些存款为银行提供了一种管理资金外流的方式，也为储户提供了一种赚取有竞争力的利率的方式。定期存单的最大发行者通常是外国银行，因为它们缺乏国内商业银行拥有的稳定零售存款基础。零售存款可以在任何时候被取出，但实际上往往只是被存放在银行。国内银行更容易管理它们的存款提取现金流，因为其存款大多是稳定的小额存款。外国银行没有零售存款业务，因此它们不得不依赖定期存单，储户有合同义务将存款存放在发行银行直到存单到期。

定期存单投资者往往对利率非常敏感。这些投资者会迅速地将资金从一家银行转移到另一家银行，即使只是为了得到1%的利率。定期存单的最大投资者是优先型货币市场基金，它们通常投资于多家商业银行发行的定期存单，以分散信贷风险。由于定期存单是无担保的，所以许多投资者不愿意将大笔资金投入同一家银行的存单。相反，投资者将投资于优先型货币市场基金，并得益于该基金的多元化。

另一种常见的无抵押货币市场工具是商业票据。定期存单是合法的存款，只能由商业银行发行，而商业票据是短期无担保债务，并非存款，所以它们可以由任何机构发行。金融机构发行商业票据，称为金融商业票据。保险公司、银行控股公司、交易商、专业金融公司都是金融商业票据的常见发行者。许多非金融企业也积极发行商业票据来管理其营运资金，如供应商付款、工资、库存管理等。非金融商业票据在无抵押货币市场中占有相对较小的比例。这有助于非金融商业票据发行人以略低于金融商业票据发行人的利率借款，甚至控制信用评级。非金融商业票据投资者愿意接受稍低的回报,以使他们的资产组合分散化金融风险。优先型货币市场基金是商业票据的主要投资者,正如它们是定期存单的主要投资者一样。

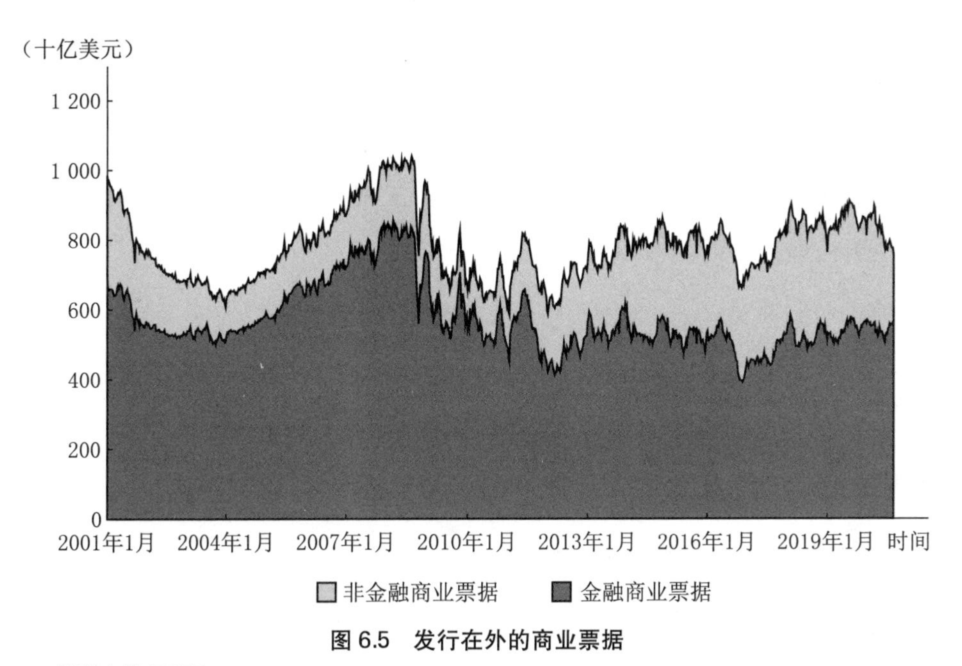

图 6.5　发行在外的商业票据

资料来源:FRED。

2016 年美国货币市场改革

2016 年 10 月 14 日,美国货币市场发生震动,几项令人期待已久的货币市场改革开始生效。这些改革由美国证券交易委员会在 2014 年首次宣布,基于金融危机期间一些优先型货币市场基金的失败,旨在让货币基金更加安全。其中一项重大变化,是给予优先型货币市场基金在市场压力下冻结赎回的选择权。这是为了防止优先型货币市场基金出现挤兑,在挤兑中大量投资者的撤出将迫使基金以低价清算资产,并导致投资者损失。

优先型货币市场基金投资者非常担心在他们最需要资金时,他们的资金可能会被冻结在优先型货币市场基金中。许多优先型货币市场基金的投资者都是机构投资者,他们反过来管理着别人的资金。如果这些机构投资者无法赎回其优先型货币市场基金投资,那么他们手头可能没有现金来进行自己的赎回。这种可能性对许多机构投资者而言非常可怕,这使他们决定将资金从优先型货币市场基金中大量转移到不存在赎回门槛的政府基金之中。随着2016年10月14日生效日期逐渐迫近,优先型货币市场基金在短短几周内创纪录地损失了1万亿美元资产。

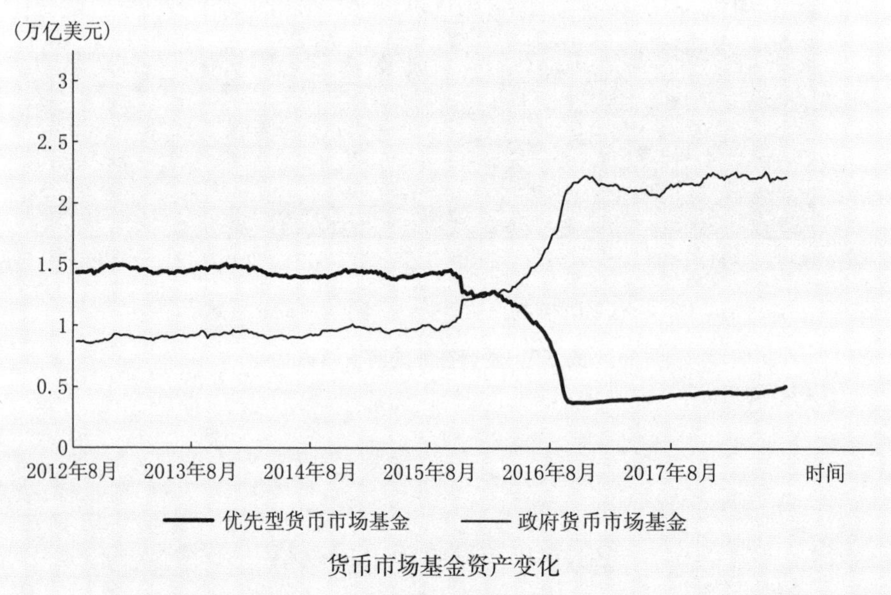

货币市场基金资产变化

资料来源:美国投资公司协会(Investment Company Institute)。

优先型货币市场基金是无抵押货币市场的主要投资者,因为政府货币市场基金不能投资于无担保的私营部门债务。这意味着几周内,无抵押货币市场上的借款人将损失近1万亿美元的资金。无抵押货币市场上最大的借款人是外国银行。进入10月以后,随着外资银行竞相争夺剩余的优先型基金投资,3个月期LIBOR飙升至多年来的高位。而另一方面,政府货币市场基金充斥着大量资金无处投资,从而被迫将数千亿美元投入美联储RRP便利工具。

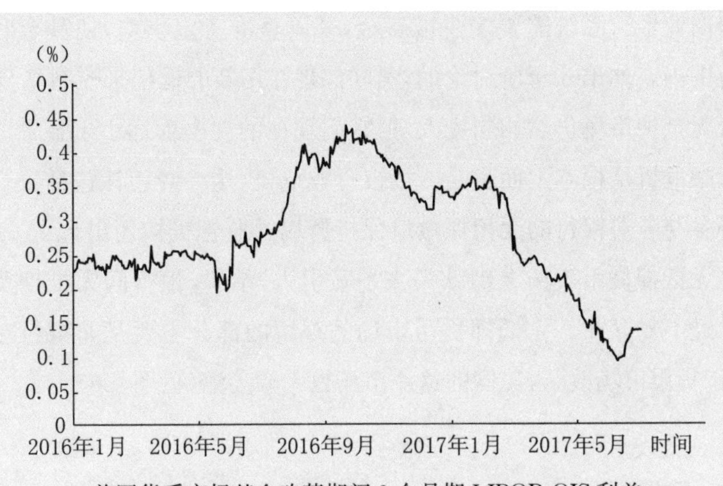

美国货币市场基金改革期间 3 个月期 LIBOR-OIS 利差

资料来源：Bloomberg。

货币市场改革导致了无抵押货币市场的混乱，但市场很快就解决了问题。在之后的数月里，银行业通过调整借款方式来适应资金来源的巨变。外资银行从前习惯于向优先型货币市场基金发行定期存单，现在转而通过回购市场从政府基金借款。如果贷款由国债或政府支持机构 MBS 抵押品担保，那么政府基金就能在回购市场上放贷。美国银行业本质上从大规模的无担保借款转向了以国债或政府支持机构 MBS 作为抵押品的大规模的有担保借贷。

最为人所知的无抵押货币市场是联邦基金市场，美联储在此设定政策利率。联邦基金市场是一个银行间市场，商业银行可以在无抵押的基础上隔夜拆借准备金。从历史上看，商业银行在基金市场借款是为了在一天结束时拥有足够的准备金，以满足准备金要求或日常支付需求。在某种意义上，这是商业银行的融资的边际成本。美联储希望通过提高或降低联邦基金利率来影响长期利率和银行贷款活动。

美联储能够控制基金市场，因为它完全控制了银行系统的准备金供给，并对准备金需求有良好认知。对准备金的需求来自商业银行运作的监管框架，该框架迫使其根据自身规模和负债类型持有一定水平的准备金。美联储准确地知道整个商业银行系统需要多少准备金，并调整准备金供应，使基金利率保持在目标范围内。如第5章所讨论的，美联储现在用新的框架来控制基金利率。

尽管无抵押市场仍然相当庞大，但它们现在的规模远远小于金融危机前的规模。金融危机从根本上而言是一场银行业危机，这一经历让包括银行在内的许多市场参与者对银行的无担保敞口保持警惕。监管机构还出台了一些规定，使银行在无抵押货币市场上借款失去了吸引力，结果，银行间无抵押货币市场实际上已经不复存在。无抵押货币市场的存留的部分主要是非银行对银行市场，而由于货币市场改革，美国的这一市场也大幅萎缩（见图6.6）。

图6.6　商业银行间贷款变化

资料来源：FRED。

联邦基金市场的消亡

联邦基金市场尽管仍然是美联储设定政策利率的地方，但其实在多年前就已经消亡。在2008年金融危机之前，基金市场很深，也很活跃，每天的交易量达数千亿美元。商业银行在调整流动性头寸时，全天都在基金市场中进行资金借贷。由于反映市场动态，基金利率的相对波动较大。注意，这在一定程度上是由于基金利率在2016年3月前为加权平均数，而在此之后为中位数。

2005 年和 2017 年联邦基金利率

资料来源:FRED。

在后金融危机世界,联邦基金利率每天基本没有变化,就像一个呈现水平线的心电图仪。这是由于两个原因:量化宽松和《巴塞尔协议Ⅲ》。量化宽松政策将银行系统中的中央银行准备金水平从约 200 亿美元大幅增加至几万亿美元。当商业银行已经拥有如此大量的准备金时,它们几乎不再有理由在基金市场上借钱。此外,《巴塞尔协议Ⅲ》降低了银行同业拆借的吸引力。当危机来袭时,这些贷款通常最先消失,让银行不得不四处争先恐后地抢夺现金,因此《巴塞尔协议Ⅲ》旨在通过鼓励商业银行减少隔夜无担保借款来使商业银行更加安全。

如今基金市场之所以存在,在很大程度上是由于监管的一些奇怪之处。FHLB 在美联储设有准备金账户,但它们没有资格得到准备金利息。为了从它们的准备金中赚取起码一点点利息,FHLB 在基金市场中提供贷款。一些比美国国内银行受到较宽松的监管的外国银行,愿意从 FHLB 借款,然后将资金存入其美联储账户赚取准备金利率的利息。这些外国银行从而赚取借款利率与美联储准备金利率间的小幅差额。

由于基金市场在很大程度上不再作为融资条件信号,美联储可能会将其目标利率调整为其他参考利率。例如,有担保隔夜融资利率(secured overnight funding rate，SOFR）可能是美联储的新的参考利率之一，这个参考利率基于由美国国债作为抵押品担保的隔夜回购交易。SOFR占据约1万亿美元规模的市场，拥有广泛的市场参与者，因此更能代表真实的融资市场状况。此外，美联储已经通过逆回购和回购便利很好地控制了隔夜回购市场。

第7章 资本市场

资本市场是借款人向投资者而不是商业银行借款的地方。这些借款通常为期几年,这使得这些借款不属于货币市场范围。资本市场融资与商业银行贷款的不同之处在于,它不会增加系统中银行存款的数额,但允许银行存款的持有者把存款借给其他非银行机构。[①]在某种意义上,它通过将其分配给定价最高的借款人来使得现有资金被更有效率地使用。资本市场大致分为股票市场和债务市场。股票市场是公司以自身的所有权权益换取银行存款的地方。债务市场是借款方提供"借条",以换取银行存款在约定日期偿还本息的地方。

股票市场

股票市场是公众最关注的金融市场(见图 7.1)。道琼斯等主要股票指数经

① 商业银行也可以参与资本市场,但不是主要参与者。当一家商业银行在资本市场上放贷时,它会将一项资产记入其资产负债表,并贷记借款人银行账户的银行存款。这与银行发起的贷款相同。商业银行偶尔会代表自己发行股票和债务证券,通过将部分银行存款转化为股票或债务,从本质上降低银行存款的总水平。因此,商业银行在资本市场上的借款减少了银行系统中的货币量。

常在新闻中被提及，并被视为整体经济健康状况的晴雨表。然而，股票市场实际上是最情绪化的市场，最不能够反映经济状况。要了解这一点，一个简单的方法就是看看股市在上涨时进入疯狂状态，然后在短期内暴跌的频率有多高，即使基本的经济数据没有发生实质性变化。

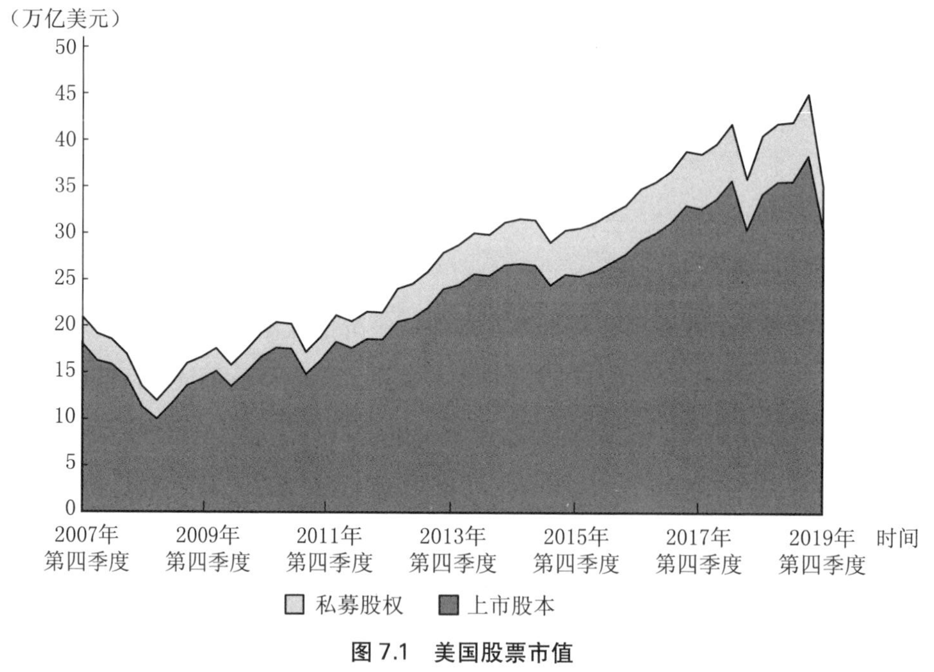

图 7.1　美国股票市值

资料来源：美联储 Z1。

市场参与者通常试图从基本面或相对水平上对股票进行估值。基本面分析师会采用现金流折现法，将股价视为一系列经过风险调整贴现率折现的未来收益。在预测未来收益并确定贴现率之后，基本面分析师将得出估值。在相对基础上评估股票的分析师，将把该股票与类似的股票进行比较。例如，如果一家鞋业公司的市盈率或其他估值指标高于另一家同类鞋业公司的相应指标，则该公司的股票就被认为是较贵的。相对估值也可以跨资产类别来执行，比如将国债的回报率和股票的未来预期收益相比较。

通过估值来预测股票未来价格的困难在于，用于股票估值的方法有很多，而且不存在一种总是优于其他的方法。以往的研究表明，就市净率来看更“廉价”的股票往往会有突出的市场表现，但最近的研究则表明这种观点可能不再正确。①

被动型投资的兴起

由于被动型投资的兴起，股票市场的结构在过去几十年中发生了显著变化。②越来越多的美国人通过退休金计划投资股票市场，例如目标日期基金(target date fund, TDF)，这些基金不像主动型投资者那样根据估值进行投资。主动型投资者会根据某种估值指标购买股票，而被动型投资者并不关心价格。例如，无论股票估值多么昂贵，退休基金都会在每个薪水期投资分配给他们的资金。在过去20年中，来自被动型投资者的资金流已经增长为股票市场的边际投资。这带有一些极其重要的含义：

(1) 股市趋势走高。即使估值为天价，每周也都有源源不断的新资金进入股市。这造成了市场整体的向上偏误。

(2) 拥有大市值的股票以更快的速度继续增长。退休账户通常被设置为对标某个股票指数，如标普500指数。指数跟踪基金(index tracking funds)将资金份额更多地分配给指数中市值较大的公司，这进一步将股票价格推到更高。这是因为股票的订单深度(即在外发行的买卖订单的数量和规模)并不与股票市值恰好成正比例，所以这些增大的、流入大市值股票的投资加速推高了这些股票的价格。随着股票价格的上涨，它成为指数更大的组成

---

① 关于溢价的讨论请参阅 Fama, Eugene F., and Kenneth R. French, 1993, “Common Risk Factors in the Returns on Stocks and Bonds”, *Journal of Financial Economics* 33(1): 3—56, https://doi.org/10.1016/0304-405X(93)90023-5。关于市场结构变化如何影响溢价的讨论，请参阅 Green, Mike, and Wayne Himelsein. “Talking Your Book About Value (Part 1)”, *Logica Capital*, http://fedguy.com/wp-content/uploads/2021/12/Talking-Your-Book-on-Value.pdf。

② 更多信息请参阅资产管理公司 Simplify Asset Management 的迈克·格林(Mike Green)的研究。

部分，因此需要向其分配更多资金，从而增强上行趋势。在以被动型投资为主的市场中，市值大的公司扩张到更为庞大。这正是微软或苹果等大型科技公司令人惊异的出色市场表现所体现出来的。并非巧合，这两家公司恰好是道琼斯指数、标普 500 指数和纳斯达克指数这三大股指的成员。

(3) 价值投资不再有效。价值投资的理念在于，“廉价”公司往往会随着时间的推移而升值，并跑赢市场。著名的 Fama-French 研究用市净率作为价值衡量标准，记录了这一观察。然而，这项研究开展于被动型投资流成为市场主流之前。“廉价”公司往往是规模较小的公司，基本不存在于接受被动型投资者资金流入的主要股票指数中。因此，这些价值型公司会继续表现不佳。追求价值的主动型投资者无法与推动主要股指走高的源源不断的退休金相竞争。

许多市场参与者相信“央行看跌期权”的存在，主要股市指数的大幅下跌将会迫使央行采取行动推高市场价格。没有哪个央行官员会承认这样的政策，但这正是过去十年世界各地主要央行的做法。2010 年 11 月，时任美联储主席伯南克为新一轮的量化宽松政策辩护时指出，较高的股票价格创造了一种财富效应，可以改善消费者信心，从而改善消费支出。[①]美联储认为更高的股价有助于它们实现政策目标。股票市场似乎已经成为一种政策工具。

2014 年，日本央行成为第一家开始购买股票的主要央行。日本股市指数向好，在消息宣布后的几个月里飙升，但在随后的几年中徘徊不定。当然，除了央行行动以外，还有许多因素影响股价，而且在随后的几年中发生了许多值得注意的事件，但日本股市指数似乎对日本央行随后宣布的额外股票收购计划越来越冷淡。从 2015 年到 2020 年，尽管日本央行稳步增持日本股票至东京证券交

① Bernanke, Ben, 2010, “Aiding the Economy: What the Fed Did and Why”, Op-ed. Board of Governors of the Federal Reserve System, November 5, https://www.federalreserve.gov/newsevents/other/o_bernanke20101105a.htm.

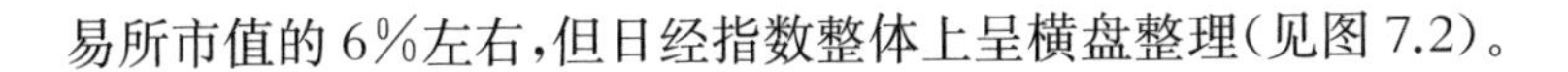

易所市值的6%左右，但日经指数整体上呈横盘整理(见图7.2)。

图7.2　日本央行的ETF持仓量与日经225指数对照

资料来源：Bloomberg。

美联储在法律上没有购买股票的权利。然而，它在寻找危机时期支持金融市场的方法上非常有创造性。近期历史清楚地表明美联储在其资产负债表上持有更高风险的资产，因此不难想象有一天美联储可能也会购买股票。

股票市场不仅包含在交易所上市的股票，还有一个独立的非公开交易的私募股权市场。为了能够向公众出售股票，公司要经过一个监管程序，最后才能进行首次公开募股。之后，该公司将进行持续的监管披露，并必须对新股东的利益作出回应，因为新股东与公司的各种愿景之间可能存在冲突。虽然首次公开募股使公司有机会从一大群投资者处筹集资金，但一些公司认为不值得这么麻烦，相反它们更愿意从私募融资市场筹集资金。

企业可以通过私募市场筹集资金，将股权出售给合格投资者，即在财富或经验方面达到一定监管标准的投资者。这些投资者被认为不需要首次公开募股所提供的监管保护，因为他们足够见多识广、经验丰富，可以自己进行尽职调查。那些选择不公开上市的公司通常比公开上市的同类公司更小、更不成熟。例如，一家中等规模的家族企业可能通过向机构投资者出售公司股票以试图筹集资金。

机构投资者购买企业的所有者权益,有时提供一些管理经验以进一步改善企业。

即使公司可以首次公开募股,保持私募也存在一些好处。通常,保持私募可以让公司有更长远的规划,因为其股东也会有更长的持有时间。上市公司处于季度报告周期,可能被迫牺牲长期盈利能力,以期实现短期收益最大化。上市公司所有者还面临着在恶意收购中失去控制权的风险,因为任何人都可以购买足够多的公司股份以获得控制权。

私募股权投资可能会产生高收益,但平均而言,其回报似乎与整体股市相当。①私募股权投资者还面临严重的流动性问题。上市股权的投资者可以很容易地在交易所出售他们的股份,但私募股权不具有交易所。有意出售私募股权股份的投资者必须寻找其他经验丰富的投资者,提供有关公司私密的财务信息,以帮助买家评估投资,商定价格。从好的一方面来看,缺乏流动性的市场使私募股权投资者即使在上市股权市场崩盘的情况下也能够避免减持资产。

流动性不足的问题经常导致私营企业走上上市公司的道路。首次公开募股为私募股权持有者提供了一个套现的简单途径。私营企业的创始人和投资者根据他们持有的私募股权资产的模型估值,可能拥有巨额财富,但其所有财富都只是假设,除非他们真的能出售这些股权。一旦股票公开交易,他们通过登录在线交易商,就能按照屏幕上不断变换的价格轻松地出售所持股票以套现。

做市商:看不见的手

股票价格通常表现出缓慢上行、偶尔突然大幅下跌的模式。对于这些下跌有不断变化的一系列解释,但其中之一是股票市场的结构。机构投资者倾向于买入看跌期权以对冲下跌,卖出看涨期权以获得额外收益。期权交易商

---

① Barber, Felix, and Michael Goold, 2007, "The Strategic Secret of Private Equity", *Harvard Business Review*, September, https://hbr.org/2007/09/the-strategic-secret-of-private-equity.

通常采取与之相反的操作。因此,期权交易商被迫以减缓股价上涨但加速下跌的方式,对冲他们的期权账簿。

期权交易商通过买卖期权赚取交易费。它对股票的涨跌方向不做判断;它只对赚取交易费感兴趣。例如,当投资者想卖出股票的看涨期权时,交易商会成为对手方,并最后持有了看涨期权。如果股价上涨,那么看涨期权的价值就会增加。由于交易商的商业模式是基于交易费用而非定向投注,所以交易商将通过做空股票来对冲看涨期权敞口。如此,当股价上涨时,交易商在看涨期权上的收益就会被卖空期权所抵消[即被称为“Delta 对冲”(Delta hedged)]。若股价下跌,则看涨期权的价值也随之下降。为了实现 Delta 对冲,交易商将通过购买部分股票来减少其空头头寸。由于交易商结构性地做多看涨期权,股票价格越高,交易商做空的股票就越多,而股票价格越低则其购入的股票就越多。这使得股票价格的涨跌幅度更为平缓。

然而,交易商也倾向于结构性地做空看跌期权。这是因为投资基金购买看跌期权来为其投资组合提供保险。当交易商做空时,不同情形就发生了。为对冲看跌期权空头头寸,交易商卖出股票。以这种方式,当股票价格下跌时,交易商卖空看跌头寸将会亏损,而做空股票头寸就会赚钱。股价越低,交易商就必须出售更多股票以维持对冲。如果股票价格上涨,那么卖空看跌期权的价值也会增加。这导致交易商通过购买股票来减少其股票空头头寸,从而加强了股价上行。这种动态会导致股价周期性波动,不断自我强化,进而可能造成股市突然崩盘和股价突然上涨。

当交易商做空期权时,无论是做空看跌期权还是看涨期权,交易商都是“空头 Gamma”(short Gamma)。这意味着随着标的股票价格下跌(上涨),其卖出看跌期权(看涨期权)的损失将以非线性方式增加。这迫使交易商卖出(买入)更多的标的股票,以在股票价格下跌(上涨)时对冲头寸。另一方面,当交易商做多期权时,交易商是“多头 Gamma”(long Gamma)。他们以价格变动的反向对冲头寸,因此在价格上涨(下跌)时卖出(买入)标的股票。对冲空头 Gamma 头寸会加强价格趋势,而对冲多头 Gamma 头寸会缓和价格趋势。

即使是标普 500 指数的小幅波动，交易商们所做的对冲量也将预计高达数十亿美元。[①]交易商通常是多头 Gamma，但股市突然下跌可能迫使他们的虚值看跌期权转为资金，而且对额外的对冲产生需求。这意味着股指水平的突然下跌，可能将迫使交易商成为空头 Gamma，并出售大量股票以保持对冲，这进一步加剧了价格下跌。这正是我们在现实生活中所观察到的。

债务资本市场

债务资本市场不如股票市场那样吸引人，但规模更大，可以说也更重要。这些是公司或政府通过发行债券借入资金的地方。债券只不过是一种偿还承诺，是债务人以投资者的银行存款作为交换而发行的。当商业银行发起一笔贷款时，它会产生存入借款人银行账户的银行存款，但当非银行借款人向非银行投资者发行债券时，非银行投资者就会将银行存款存入非银行借款人的账户。债务资本市场不是创造更多的银行存款，而是使现有银行存款得到更有效的利用。[②]

债券市场比股票市场复杂得多，因为债券在许多方面都是高度定制化的。例如，它们有各种各样的期限、利率、清偿优先级、期限和限制性条款(covenant)。任何大公司都可能只有一种股票在证券交易所公开上市，但它肯定有若干个未偿债务问题。有些是长期的，有些是短期的；有些是浮动利率，有些是固定利率；

---

① 交易商 Gamma 每日预测请参见 www.squeezemetrics.com。

② 商业银行仍然可以通过借贷参与债务资本市场。对于借款而言，这在本质上就是将银行存款负债转化为长期债务，有助于管理资金外流。对于贷款而言，这在功能上与发放银行贷款相同。当商业银行购买债券时，它会将新创造的银行存款记入卖方账户。债券和贷款之间的主要区别在于债券易于交易，从而其流动性更高。

有些是高级无担保的(senior unsecured),有些是有担保的;有些可以提前偿还(callable),等等。即使是国债也有各种不同的期限和票息。这使得理解债券市场成为一项非常复杂的任务。

债券市场也比股票市场更加不透明。股票由一个通常是四个或更少字母的股票代码来标识,而债券发行用一个 CUSIP 数字①来标识,这是由字母和数字构成的九位字符标识。例如,“91282CAE1”是 2030 年 8 月到期的 10 年期美国国债的 CUSIP。任何人都可以在互联网上搜索股票的交易价格,但搜索特定 CUSIP 的价格通常需要访问专业平台。此外,大多数债券交易并不频繁,所以除非联系交易商,否则你可能没有任何关于这些债券价格的信息。

市场参与者通常根据债券与同一期限美国国债收益率的利差来评估债券。例如,微软发行的 5 年期债券将根据其相对于 5 年期美国国债的额外收益率进行评估。美国国债被认为是无风险和高流动性的。微软的债券提供的额外收益是为了补偿投资者所承担的信用和流动性风险。

信用风险考虑的是公司违约的可能性,以及在违约时可以收回的贷款比例。信用评级是决定债券感知信用风险(perceived credit risk)的唯一的最重要的因素。大投资者实际上没有时间仔细研究他们所投资的每一家公司的财务状况,所以极其依赖评级机构来完成这项工作。在很多情况下,对评级的依赖都在他们的委托书中被明文规定,即他们只能投资于高于某评级的债券。一家公司的评级越高,其借款利率就越低。一旦一家公司的评级降至投资级以下,它可以借入的利率就会大幅上升,因为许多投资基金被禁止购买所谓的垃圾债券。

流动性风险考虑的是,万一投资者在债券到期前需要资金,此时卖出债券的难易程度。虽然美国国债在全球范围内连续不断地进行交易,但大多数其他债券却很少进行交易。根据市场情况,投资者可能无法在没有大幅折扣的情况

① CUSIP 是美国统一证券辨认委员会(Committee on Uniform Securities Identification Procedures)的首字母缩写,该组织负责管理这些号码。

下出售债券。流动性较差的债券与美国国债之间的利差将会提高。

债券市场通常被认为是“更聪明”的市场，因为它对经济基本面更敏感。债券投资者只关心能不能收回本息，而股权投资者则可以梦想公司下一个产品能带来无限的上升空间。债券投资者除了支付本金和利息之外，没有任何收益，但如果公司无法偿还债务，他们可能会赔钱。公司基本面的恶化将很快反映在该公司的债券价格上，但不一定会反映在股价上。

公众是了解并积极参与股票市场的，但对债券市场的复杂性却知之甚少。例如，赫兹(Hertz)在2020年6月申请破产后，其债券价格迅速跌至几美分，反映了其回升复苏的可能性极低。在破产的情况下，所有债权人都会在股权持有人得到任何补偿之前得到全额偿付，因此，破产申请几乎总是意味着公司的股权变得一文不值。然而，随着大批散户投资者的涌入，赫兹的股价在破产后飙升(见图7.3)。这些投资者可能没有意识到破产申请的影响，而债券持有人则很快就理解了这一点。

图7.3　赫兹股价的变化

资料来源：Bloomberg。

美国债券市场被划分为不同的子类，其中最大的是美国国债、MBS和公司债(见图7.4)。其他值得注意的部分是市政债券和资产支持证券。接下来将对债券市场的三大类别进行概述。

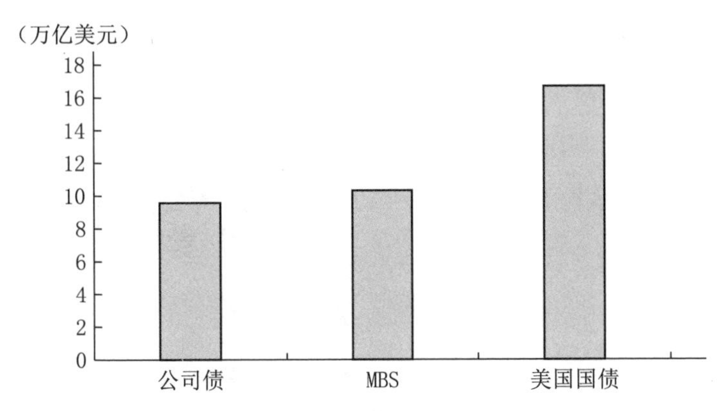

图 7.4　2019 年发行在外的债券

资料来源:美国证券业和金融市场协会(SIFMA)。

公司债

公司债由各种各样的投资者持有,其中最大的投资者是保险公司、养老基金和共同基金(图 7.5)。一个规模较小但正变得越来越重要的投资者类别是 ETF 基金。一般来说,市场可以分为投资级(评级为 BBB-①及以上的债券)和高收益型(评级为 BBB-以下的债券,也被称为垃圾债券)。据标普统计,约 85%的公司债属于投资级债券,其余为高收益债券。保险公司和养老基金在投资中往往更加保守,因此它们持有的公司债大多属于投资级,而共同基金的 ETF 则根据其投资策略存在显著差异。提供高收益的共同基金和 ETF 将持有更多的高收益债券。

---

① 这些均按照标普评级,信用评级从最高到最低为 AAA、AA、A、BBB、BB、B 和 CCC,附有加号或减号作为中间评级。另外两家信用评级机构穆迪和惠誉也有类似的评级系统。在实践中,三大机构通常会给予发行人同等评级。

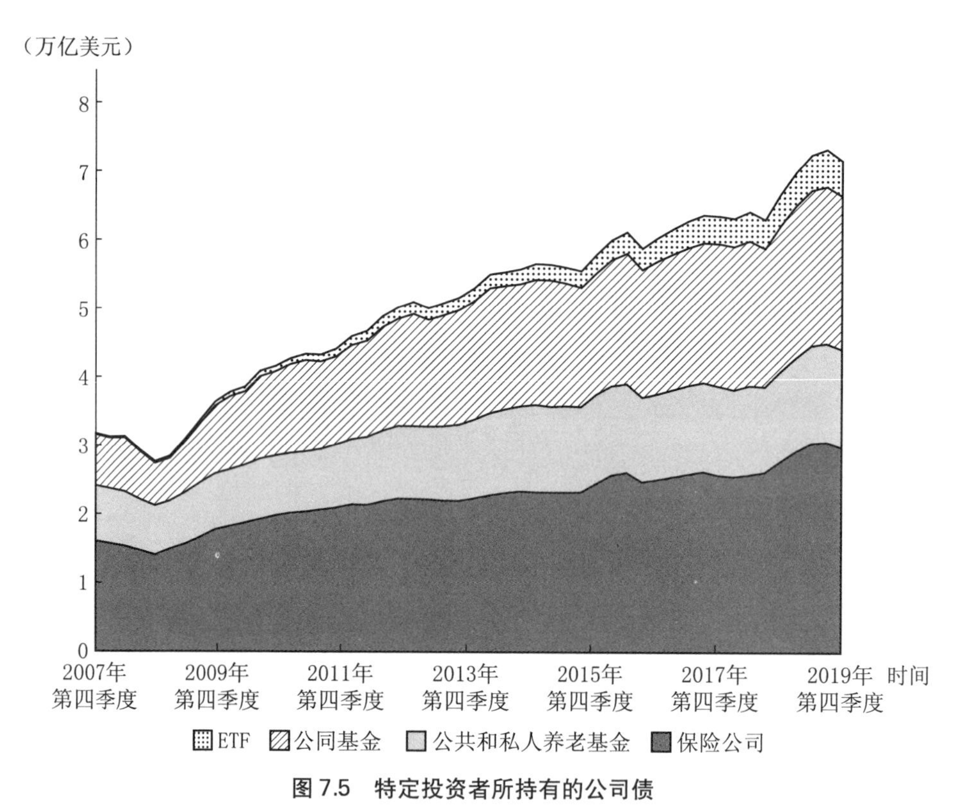

图 7.5 特定投资者所持有的公司债

资料来源:美联储 Z1,也包含外国债券。

虽然 ETF 持有公司债的规模相对较小,但作为公司债的流动性和价格发现的来源,其重要性已经有所提高。公司债 ETF 持有分散化的公司债投资组合,但发行的基金份额就像股票一样全天都在被活跃地交易。这些份额比任何标的公司债的流动性都要高得多,因此这些基金份额的交易方式可以实时反映出该基金的债券投资组合的估值方式。份额价值与 ETF 的标的公司债资产之间的关系通过套利行为得到调节。机构投资者也可以向 ETF 出售一篮子公司债以换取该 ETF 份额,或赎回 ETF 份额以换取一篮子公司债。

投资级公司债市场的借款人,往往是拥有可靠信用评级的大公司。近年来,利率与公司债利差达到历史新低,投资级公司债市场迅猛发展。评级最高的公司发行人能够以略高于通货膨胀率、远低于任何商业银行所提供利率的收益率来借入数十亿美元。这是因为银行在为贷款定价时，不仅要考虑信用风险，还要考虑贷款对监管比率和股本回报率的影响。公司债投资者没有这些担忧，但他们关注美国国债或政府支持机构 MBS 等可比产品的相对回报。随着央行政策降低了可比产品的收益率，公司债投资者不得不接受越来越低的债券投资收益率。

高收益市场的借款人往往是负债相对于现金流比例较高的公司，这也解释了它们信用评级较低的原因。它们通常是被下调了评级的前投资级公司，或者是缺乏获得投资级评级所需的运营历史的较年轻的公司。在高收益领域，商业银行可以提供一种类似的产品，称为杠杆贷款，杠杆贷款本质上是高利率贷款。作为一种贷款，杠杆贷款不像高收益债券那样很容易交易，而且可能对资金的使用方式有更多限制。这些限制被称为限制性条款，将会通过银行的持续监督来执行。实际中，银行通常会发起杠杆贷款，然后将其出售给贷款抵押债券(Collateralized Loan Obligation, CLO)投资工具，然后 CLO 工具再将贷款证券化。该银行将只保留 CLO 中评级最高的优先债券，其余债券将流向风险偏好较高的投资者。①

正如许多市场参与者相信股票市场上存在央行的"看跌期权"，一些市场参与者也对央行在债券市场上的"看跌期权"越来越有信心。这是因为各国央行在公司债市场上正变得越来越积极。

2013 年，日本央行成为第一个开始购买公司债的主要央行，随后是 2016 年的欧洲央行，最后是 2020 年的美联储(如图 7.6)。通过降低企业借款人的借贷成本，这些购买是为了合理地改善货币政策的传导，从而刺激经济。央行现在可以通过购买公司债来直接降低企业的借贷成本，从而压低收益率，而非依靠银行系统将低利率传递给借款人。央行购买公司债似乎确实降低了公司的借

① DeMarco, Laurie, Emily Liu, and Tim Schmidt-Eisenlohr, 2020, "Who Owns U.S. CLO Securities? An Update by Tranche", FED Notes, Board of Governors of the Federal Reserve System, June 25, https://www.federalreserve.gov/econres/notes/feds-notes/who-owns-us-clo-securities-an-update-by-tranche-20200625.htm.

贷成本,但似乎也降低了公司债对经济基本面的敏感度。许多市场参与者现在不太担心自己对公司债的风险敞口,因为他们认为即使基本面恶化,央行也会维持比较高的债券价格。

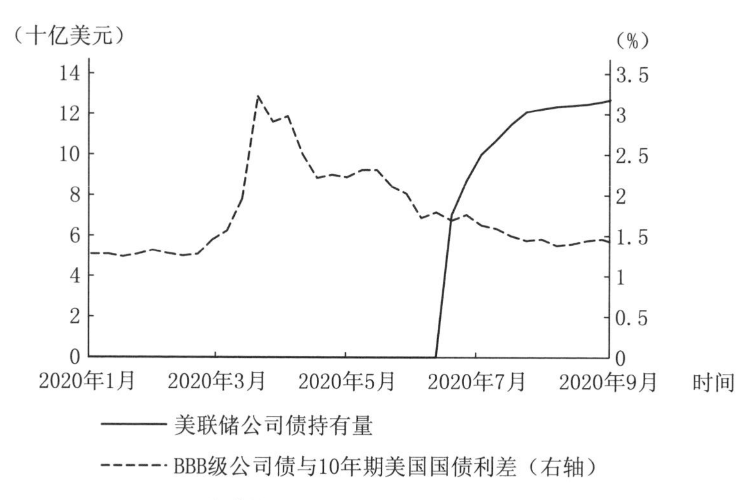

图 7.6 美联储公司债持有量与 BBB 级公司债利差

资料来源:Bloomberg,美联储 H4 表 4。

实际上,央行所购买的公司债的规模一直相对较小。美联储购买的公司债仅仅占美国公司债总量中微小的 0.1%。与其他许多央行政策一样,感知到央行介入市场本身似乎就足以提振投资者信心。市场参与者可能只是期望美联储在出现金融危机时大规模增加资产购买。

量化宽松如何提振股价:企业加杠杆

公司可以用股权或债务进行融资。股东是公司所有者,因此他们分担了企业的风险。如果公司盈利很多,那么股权就会更有价值,如果公司破产,那么股东一无所获。相较而言,债权人仅获得本金和利息。如果公司破产,则债权人资产将被出售,所得款项将归债权人所有。

公司提高股票价格的方法之一是发行债务来回购股票。假设股东由于承受更大的风险,而要求其股权获得 10%的回报。同时,由于利率较低,该公司可以发行利率为 5%的债券。那么,通过发行债券来回购股票,这家公司降低了资本成本。该公司实际上是以 5%利率借款,以偿还 10%利率的债务。同时,流通在外的股票将减少,因此每个股东会获得更高收益。这纯粹是金融工程带来的股价上涨。

在过去几年中,量化宽松政策已经将长期利率推至历史低位。公司用历史性的低水平利率,发行了历史性的债券数量以回购股票。一个值得注意的例子是苹果公司,它在 2015 年至 2019 年间回购了约 20%的股份。[①]尽管该公司 2019 年净收入与 2015 年的大致相同,但由于发行在外的股份数量较少,其每股收益大幅上升。这种金融工程使苹果公司股价在四年内翻了一番。

非金融公司股票回购

资料来源:美联储 Z1。

① Santoli, Michael, 2019, "Apple's Stock Gains the Last 4 Years Prove 'Financial Engineering' via Buybacks Works", CNBC, July 31, https://www.cnbc.com/2019/07/31/santoli-apples-gains-are-largely-the-product-of-buyback-financial-engineering.html.

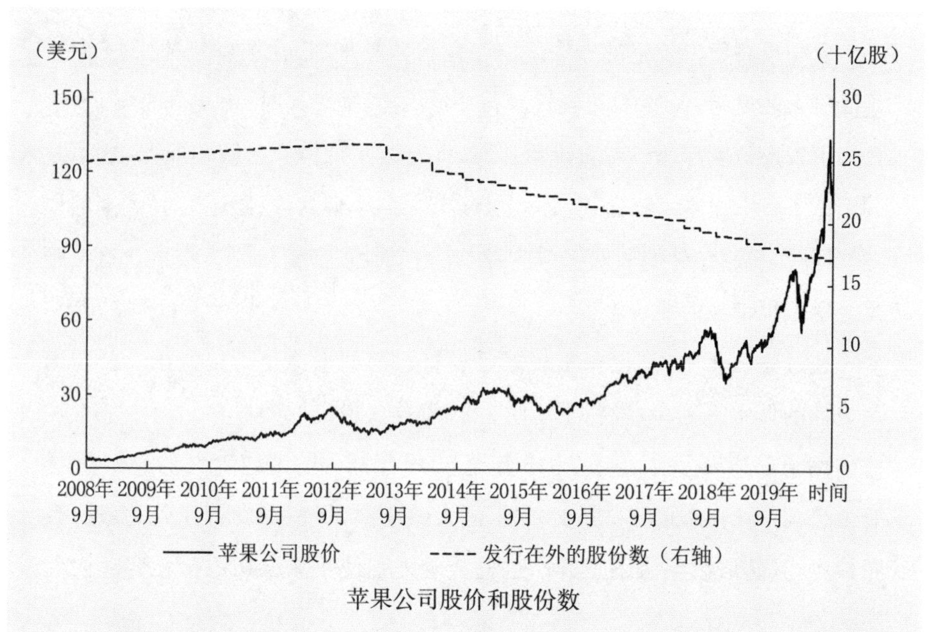

苹果公司股价和股份数

资料来源：Bloomberg。

然而，企业杠杆率的提升也明显带来了风险。参与分红的股东数量减少，而共同分担亏损的股东数也随之越少。在经济衰退时，股东的每股亏损将增加，这可能导致股价大幅下跌。高杠杆的资本结构放大了股票价格的上行和下行的波动性。

政府支持机构 MBS

政府支持机构 MBS 是由联邦政府担保的 MBS。MBS 是一种现金流由抵押贷款池产生的债券。政府既可以为 MBS 提供担保，也可以为住房抵押贷款本身提供担保。政府支持机构 MBS 是美国第二大债券市场，有超过 8.5 万亿美元的未偿债券。绝大多数的政府支持机构 MBS 由单一家庭住房抵押贷款所支持，还有约1万亿美元由主要是多户住宅的商业房地产抵押贷款支持。政府支持机构MBS的信用风险极小①，流动性很好，回报率略高于美国国债，因此受到保险公司和全球各国央行等保守投资者的欢迎。大约有1万亿美元的政府支持机构MBS由美国以外的投资者持有，其中超过60%由亚洲投资者持有。②

房利美和房地美

房利美和房地美是抵押债券市场的两大巨头。它们的工作是通过为二级抵押贷款市场提供流动性来支持美国房地产市场。为此，它们购买抵押贷款并将其打包成可以出售给投资者的证券。这些证券的贷款由房利美和房地美担保，因此投资者不必担心任何房主会违约。

纵观历史，抵押贷款由商业银行发起，商业银行持有抵押贷款以获得利息收入。房利美和房地美向商业银行提供出售抵押贷款的额外选择，前提是贷款满足一定的最低信用标准。这种额外的灵活性是为了鼓励商业银行发放更多抵押贷款，因为在需要融资时，商业银行总是可以选择将其抵押贷款出售给房利美或房地美。这为抵押贷款创造了一个强大的二级市场，也使"发行—分销"(originate to distribute)的商业模式成为可能，在该模式下，抵押贷款的发行是为了出售而不是作为投资持有。

如今，大部分抵押贷款是由专门从事发行—分销商业模式的非银行抵押贷款机构发起的。③这些抵押贷款机构从商业银行获得贷款，再贷款给购房

---

① 由吉利美担保的政府支持机构MBS没有信用风险，因为吉利美是联邦政府的一部分。房利美和房地美发行的政府支持机构MBS受益于政府的隐性担保。虽然它们不是联邦政府的一部分，但它们被认为受联邦政府支持。这一信念在2008年金融危机期间得到了检验，在房利美和房地美接近破产时联邦政府给予了全力支持，证明这种信念是正确的。

② Kaul, Karan, and Laurie Goodman, 2019, "Foreign Ownership of Agency MBS", Ginnie Mae, https://www.ginniemae.gov/newsroom/publications/Documents/foreign_ownership_mbs.pdf.

③ Shoemaker, Kayla, 2019, "Trends in Mortgage Origination and Servicing: Nonbanks in the Post-Crisis Period", *FDIC Quarterly* 13(4): 51—69.

者，出售抵押贷款给房利美或房地美，然后将出售所得资金贷给另一个抵押借款人，从而重复该过程。非银行抵押贷款机构通过发行手续费而非贷款利息来盈利。在21世纪初期，这种由数量驱动的商业模式导致放贷标准降低，因为放贷机构试图最大限度地扩大贷款规模，但在危机后，监管已对这类行为作出了极大限制。

房利美和房地美获得抵押贷款，为其提供担保，打包成证券，然后返还给抵押贷款卖方以向投资者出售。房利美和房地美的担保使得抵押证券几乎没有风险。如果抵押贷款违约，房利美或房地美将买回这些证券以使投资者不承担任何损失。这些被称为政府支持机构MBS的证券在全球范围内需求量很大，因为其提供了略高于可比美国国债的收益率水平，且信用风险极小。对政府支持机构MBS的需求创造了更多的对抵押贷款的需求，这转而刺激发行更多的抵押贷款，为更广泛的公众提供了更多的抵押贷款。

2008年金融危机之前，房利美和房地美是利润极高的企业，因为它们收取担保费，而房价也不断上涨。当房价在2008年暴跌时，房利美和房地美为美国近一半的抵押贷款提供担保。崩盘后的大规模止赎很快使房利美和房地美资不抵债，并迫使政府提供救助。自此，房利美和房地美由政府接管。

政府支持机构MBS的评估略显棘手，因为抵押贷款的借款人可以选择提前偿还抵押贷款。国债不能早偿，而拥有早偿权的公司债发行人通常不会行使这些权利。早偿权意味着投资者不确定何时能够收回投资资金。如果利率下降，那么购买30年期政府支持机构MBS的投资者可能在25年后收回资金，并且大量抵押贷款债务人决定为其抵押贷款再融资。抵押贷款再融资是指，新的抵押贷款会被用于偿还旧的抵押贷款，从而那些抵押贷款投资者能更快得到偿还。另一方面，如果投资者在早偿率保持稳定的前提下购买了30年期的政府支持机构MBS，但实际上由于获得再融资的借款人减少，利率上升、早偿率下降，那么这些投资者将比他们所预期的时间更晚得到偿还。提前支付的不确定性意味着政府支持机构MBS的任何估值都依赖于模型。投资者会试图估算未来的提前支付，然后对现金流进行折现以得到所估价值。

自 2008 年金融危机以来，美联储一直是政府支持机构 MBS 市场的积极买家，其明确目标是支持住房市场，并对利率施加下行压力。截至 2020 年 9 月，美联储的持仓规模高达 1.9 万亿美元，约占所有未偿还政府支持机构 MBS 的 20%。通过购买大量的政府支持机构 MBS，美联储以增加抵押贷款转售价值的方法刺激抵押放贷。抵押贷款机构通常将它们发放的抵押贷款卖给投资者，投资者通过政府支持机构 MBS 持有这些贷款。当政府支持机构 MBS 的价格很高时，即便利率较低，抵押贷款机构也有动力增加贷款，这是因为它们能以较高的价格将这些贷款转售给政府支持机构 MBS 的投资者。

私营部门创造无风险资产的一段历史

当美国财政部发行美国国债时，这不比任何形式的货币逊色。美国国债无风险，也易于在回购市场上出售或作为现金的抵押品。在 21 世纪初，私营部门也曾在一段时间中具有相似的功能。

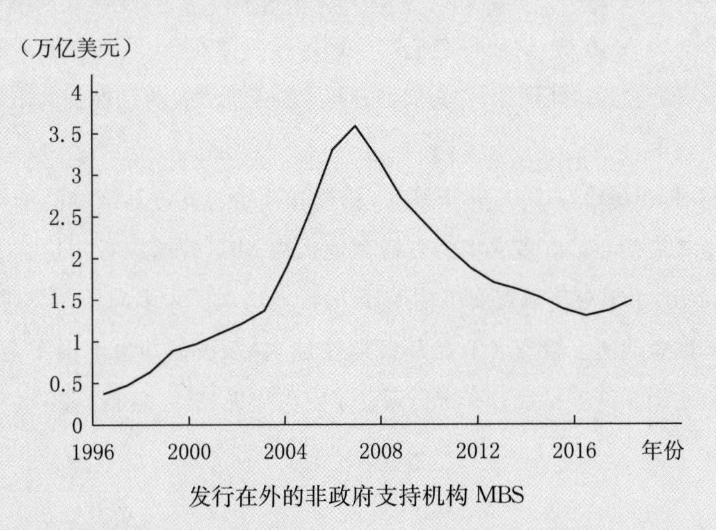

发行在外的非政府支持机构 MBS

资料来源：美国证券业和金融市场协会。

在 21 世纪初，普通商业机构 MBS（securitized private-label mortgage-backed securities）* 的市场蓬勃发展。普通商业机构 MBS 是一种不被房利美等政府资助企业所担保的住房抵押贷款支持的债券。相反，这些贷款可以发放给信用评分很低或没有可证明收入的借款人。金融工程师将利用这些抵押贷款，通过次级债和超额抵押等信用增级方法，创造出所谓的无风险的证券。

例如，假设价值 1 000 美元的低质量抵押贷款支持了价值 900 美元的证券。进一步，假设价值 900 美元的证券被分为三级：100 美元的 A 级、300 美元的 B 级和 500 美元的 C 级。使用次级债时，来自抵押贷款的任何现金流都将首先被直接用于偿还 100 美元的 A 级贷款，然后是 300 美元的 B 级贷款，最后是 500 美元的 C 级贷款。B 级和 C 级劣后于 A 级，这降低了 A 级的违约风险。而在超额抵押的情形中，1 000 美元的抵押品用于支持 900 美元的债券，这意味着 100 美元的抵押贷款可能在这笔债券的任何部分遭受损失之前违约。综上所述，A 级贷款只有在 900 美元的抵押品发生违约时才会蒙受损失。而这不太可能发生，从而 A 级贷款非常安全。

评级机构也认为如此大规模的违约不太可能会发生，并经常将这些高级债券评级为 AAA 级，这使得它们与美国国债一样安全，但具有更高的收益率。投资者抢购这些债券，并为它们开拓了一个庞大且流动性强的市场。它们成了货币。

然而，当房价在 2006 年下跌时，投资者开始对支持其证券的抵押贷款的质量丧失信心。许多次级的普通商业机构 MBS 开始以折扣价交易。在 2007 年初，由于对普通商业机构 MBS 的投资出现了太多问题，大型投资银行贝尔斯登倒闭。投资者开始怀疑即使是 AAA 级债券也不再安全，并开始抛售它们。许多投资者和银行蒙受了巨大损失，最终酿成了 2008 年金融危机。

* 即相对于政府支持机构 MBS。——译者注

回顾过去，几乎所有这些 AAA 级债券都被偿付了。[1]那些在 2008 年金融危机期间购买它们的投资者，在几年时间内就轻松地将资金翻了一番。然而，损害已经发生，普通商业机构 MBS 市场再也没有恢复过来。此外，监管机构决定安全资产必须由公共部门提供，而私营部门中即使 AAA 级的资产也不能被视为是安全的。今天，当受监管实体被要求持有高质量的流动资产时，这仅仅指的是政府资产。

美国国债

美国国债是世界上最深且最具流动性的市场，是全球金融体系的基石。几乎所有美元资产都基于美国国债收益率来定价，它被视为无风险基准。当个人投资者将银行存款作为货币持有时，世界各地的机构投资者将美国国债作为货币持有。以美国国债作为抵押来购买其他金融资产后，机构投资者在回购市场上以这些资产为抵押借入现金，或者直接出售这些资产以获得现金。美国政府定期发行各种期限的国债，大体上分为短期国债和付息国债。短期国债是一年内到期的短期债券，折价发行[2]，而付息国债的期限从 2 年到 30 年不等，每半年付息一次。

美国财政部的国债管理策略是在定期可预测的时间点，以纳税人的最低长

---

① Ospina，Juan，and Harald Uhlig，2018，“Mortgage-Backed Securities and the Financial Crisis of 2008：A Post Mortem”，BFI Working Paper，Becker Friedman Institute，http://dx.doi.org/10.2139/ssrn.3159552.

② 折价发行是指以低于面值的价格出售。例如，如果以 99 美分的价格出售一张 1 个月期短期国债，那么这意味着买方将在一个月内收到 1 美元的偿付。他们实际上将在一个月里赚取 1 美分，折合年利率约为 12%。

期成本来发行国债。[1]实际上,这意味着美国财政部将以可预测的规模发行付息国债,并通过发行短期国债来弥补资金短缺。例如,如果美国财政部宣布本季度将发行1 000亿美元的付息国债,但随后意识到它还需要200亿美元,那么它就将再发行200亿美元的短期国债。付息国债每月拍卖一次,其规模在每个季度初公布,而短期国债每周拍卖两次,规模灵活。如果美国财政部需要进一步定制其现金流需求,它可以发行现金管理短期国债(Cash Management Bills),这实际上是一种以非标准期限发行的美国短期国债。

美国短期国债市场很深,可以很容易地吸收发行中的重大波动。投资者并不担心将这些债券作为短期债券持有,因为这些债券本质上是用来支付利息的钱。相比之下,美国长期国债的市场价值会随着通货膨胀和利率的预期而波动,随着时间的推移,其流动性会变差。最近发行的付息国债被称为"新券"(on the run),而以前发行的付息国债被称为"旧券"(off the run)。作为新券的付息国债流动性很强,但随着时间的推移,流动性逐渐减弱。持有旧券的投资者仍然可以在回购市场上以该付息国债为抵押立即借入现金,但比较难以直接卖出。这使得付息国债的投资者更为谨慎,因此尽管短期国债可以有弹性地供应,但付息国债的供应必须遵循某种固定规律。

美国国债由纽约联储拍卖给一级交易商,然后再转售给他们的客户。从技术上讲,投资者可以通过一级交易商进行投标(间接投标),也可以去获得自己直接投标的资格(直接投标)。尽管如此,一级交易商在拍卖过程中发挥着关键作用,因为他们有义务在每次拍卖中投标。这意味着一场拍卖永远不会因为需求不足而失败,因为它有一级交易商的支持。

拍卖的成功与否可以通过拍卖的得标率和参与程度来判断。一个非常成功的拍卖将是这样一种情况:出价低于市场预期的收益率,而且投标数量远远

---

① 更多信息请参阅"Overview of Treasury's Office of Debt Management",https://home.treasury.gov/system/files/276/Debt-Management-Overview.pdf。

超过正在拍卖的美国国债数量(高投标倍数)。一级交易商的购买量相对较低,也表明投资者需求强劲。拍卖结果有助于市场判断对美国国债的需求,从而可以影响价格。当投资者根据新信息重新评估他们对定价的看法时,非常强或非常弱的需求通常会导致美国国债收益率出现离散波动。每次拍卖结束后,拍卖结果都会在财政部网站上公开公布。

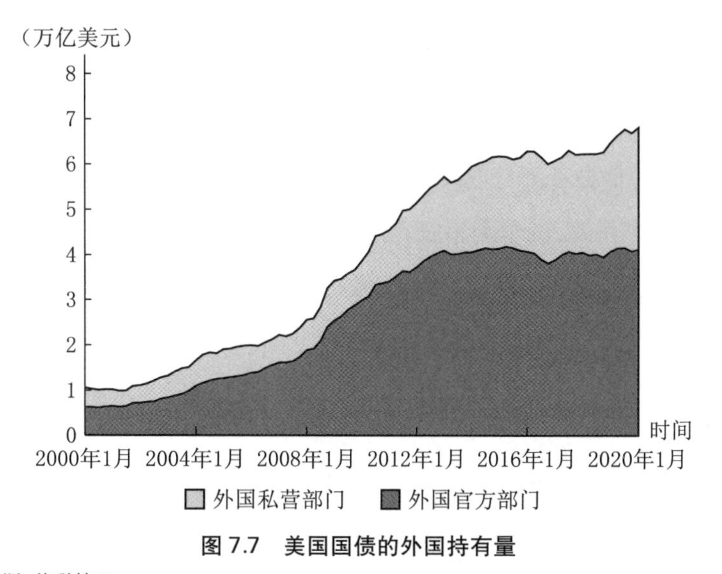

图 7.7　美国国债的外国持有量

资料来源:美联储 Z1。

美国国债拥有全球投资者基础,其中约 7 万亿美元由外国人持有(如图 7.7)。这在一定程度上是由于美元是世界储备货币。世界各国央行必须持有美元储备,以促进货币兑换,或保护本国货币不受大幅贬值的影响。它们倾向于以美国国债的形式持有美元储备。例如,据估计,中国持有约 3 万亿美元的外汇储备,其中相当大一部分是美国国债。中国对美国有着巨额且持续的贸易顺差,因此随着时间的推移,积累了大量的美元。它需要持有这些美元来参与全球贸易,如购买石油等工业大宗商品。像中国人民银行这样的大型机构投资者,除了美国国债之外,并没有其他更好的美元投资选择。私营部门资产存在信用风险,而且深度不够,无法持有所有这些资金。如果中国人民银行持有大量公司债或股票，除非接受大幅折价，否则将只能缓慢出售。美国国债，某种程度上还有政府支持机构 MBS，是最好的选择。

尽管外国持有大量美国国债，但大多数美国国债仍由美国国内投资者持有。货币市场基金是短期美国国债的主要投资者，而共同基金、保险公司和养老基金则是付息美国国债的主要投资者。

自 2008 年实施量化宽松政策以来，美联储一直是美国国债的最大单一买家。购买美国国债的明确目的是通过降低中长期美国国债收益率来刺激经济，而如果不实施量化宽松，美联储将对中长期美国国债收益率没有太多控制权。由于所有资产的价格都部分取决于美国国债收益率，因此降低美国国债收益率会导致抵押贷款利率、汽车利率、商业贷款利率等下降。截至 2020 年 9 月，美联储在美国国债市场的份额已增至 20%（见图 7.8）。这显然对美国国债收益率施加了下行压力，但仍可能为价格发现留有空间。

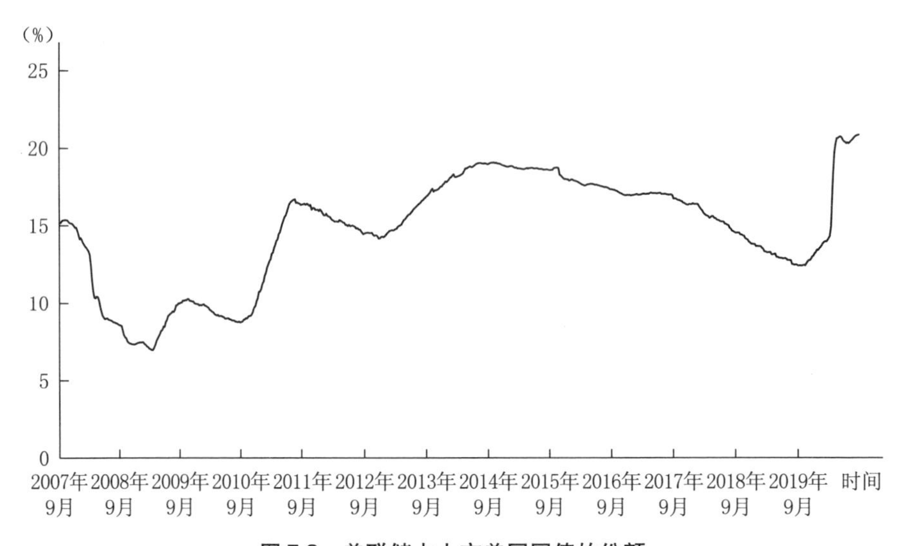

图 7.8　美联储占上市美国国债的份额

资料来源：Bloomberg。

第三部分　美联储观察*

* Fed watching，指市场对美联储的政策动态和影响的关注与研究。——译者注

第 8 章　危机下的货币政策

传统的货币政策依靠中央银行作为商业银行的最后贷款人，并需要央行利用短期利率以影响经济活动。如果某家财务状况良好的银行突然发生其难以应对的资金外流，央行会介入并提供贷款，以防止出现恐慌。当经济衰退时，央行会降低利率以刺激消费与投资，而在经济过热时，央行则会提高利率以抑制经济活动。

然而，当影子银行系统出现恐慌时会发生什么？央行如何在利率已经为零的时候影响经济活动？这些都是美联储在 2008 年金融危机和 2020 年美国新冠肺炎疫情暴发引发的金融恐慌期间面临的挑战。为此，美联储设计了一系列新的工具。

美联储民主化

在美联储成立的时代，商业银行是金融体系的主要参与者，因此美联储很自然地将注意力集中于商业银行部门。美联储监管美国国内的商业银行以确保它们谨慎经营，并通过贴现窗口向其提供紧急贷款以满足预期以外的流动性需求。然而，影子银行和离岸银行业务的增长，意味着现在大量金融活动是在美联储监管权限之外进行的。2008 年，影子银行和离岸银行领域发生了恐慌。为挽救金融体系，美联储被迫使用其第 13 条第 3 款的紧急贷款权力，这项条款本质上允许了美联储向任何人放贷。

2008 年，影子银行崩溃。一级交易商出现挤兑，货币市场基金出现挤兑，证券化工具出现挤兑，对冲基金也出现挤兑。商业银行亦不再安全，因为它们与影子银行密切相关。它们为很多影子银行债务提供担保，并借给影子银行很多资金。股市指数察觉到问题并开始暴跌。整个金融体系危在旦夕。

美联储为应对危机而大幅扩大了其贷款对象，以将关键的影子银行部门纳入其中。它为一级交易商[一级交易商信贷便利（primary dealer credit facility）]、货币市场基金[货币市场投资者流动性便利（money market investor liquidity facility）]和证券化工具[资产支持商业票据和定期拍卖证券化便利（asset-backed commercial paper and term auction securitization facility）]设立了贷款便利，甚至为“大而不倒”的银行也设立了特别贷款。美联储在实际上不仅成了商业银行的最后贷款人，也成了影子银行的最后贷款人。

类似危机也在美国境外的离岸美元银行体系中上演。就在美国商业银行和影子银行因次级抵押贷款相关投资的损失而崩溃之际，外国商业银行也因同样的投资而陷入危机。尤其是欧洲银行在美国住房抵押贷款相关资产上进行了巨额投资，这些损失很可能导致它们资不抵债。然而，更糟糕的是，外国银行甚至因不位于美国而被美联储排除在职权的行使范围之外。救助外国银行对美联储而言并没有吸引力。但它们对美国市场的影响不可否认，因为它们对现金的急迫需求将美元短期利率推到了令人目眩的高度。

市场参与者通常利用基准市场的 3 个月期 LIBOR 与 3 个月期隔夜指数掉期（overnight index swap，OIS）之间的利差，来衡量短期利率市场的压力（如图 8.1）。该利差约等于未来 3 个月联邦基金的预期平均利率。较大的利差意味着市场利率远高于美联储的政策利率，预示金融危机的到来。在经济状况良好的时候，该利差略高于零，但它在金融危机最严重时达到过约4%的历史高点。投资者不敢借钱给外国银行，甚至迫使外国银行为3个月的贷款提供极高利率。

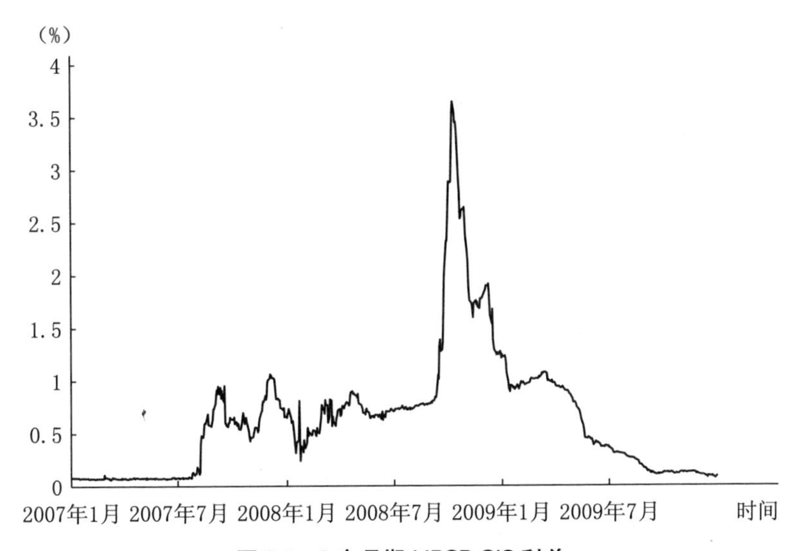

图 8.1　3 个月期 LIBOR-OIS 利差

资料来源：Bloomberg。

美联储最终决定与一批友好的外国央行建立央行掉期协议，以此向外国银行放贷。美联储会将美元借给外国央行，后者再把钱借给其司法管辖范围内的银行。掉期协议解决了全球美元的挤兑问题，但也从本质上使得美联储在美国内外成了全球美元体系的担保人。

如何监控美联储特别贷款便利工具

美联储每周通过其网站上的 H.4.1 板块披露其资产负债表。这些是每周平均值和周三的简报。以下是 2020 年 7 月 2 日 H.4.1 的截图。

回购协议(6)	75 379	+ 2 250	+ 75 379	61 201
外国官方	144	+ 144	+ 144	1 001
其他	75 236	+ 2 107	+ 75 236	60 200
贷款	96 886	+ 2 928	+ 96 785	97 133
一级信贷(Primary credit)	5 877	- 1 246	+ 5 859	5 860
次级贷(Secondary credit)	0	0	0	0
季节性贷款(Seasonal credit)	13	+ 1	- 70	16
一级交易商信贷便利(PDCF)	2 616	- 1 364	+ 2 616	2 486
货币市场共同基金流动性便利(MMLF)	21 617	- 1 851	+ 21 617	20 637
工资保障计划流动性便利(PPPLF)	66 763	+ 7 389	+ 66 763	68 133
其他信贷扩张	0	0	0	0
商业票据融资便利(CPFF II LLC)的投资组合净持有(7)	12 799	+ 2	+ 12 799	12 799
公司信贷便利(CCF LLC)的投资组合净持有(7)	41 359	+ 1 403	+ 41 359	41 940
“主街”贷款计划(MSLP)的投资组合净持有(7)	37 502	+ 4 822	+ 37 502	37 502
市政债流动性便利(MLF LLC)的投资组合净持有(7)	16 080	+ 1	+ 16 080	16 081
定期资产支持证券贷款(TALF II LLC)的投资组合净持有(7)	8 753	+ 1 467	+ 8 753	8 753
清算浮动差值	-497	- 314	+ 104	-756
中央银行流动性掉期(8)	226 803	- 49 894	+ 226 786	225 414

从披露中,可以看到在美国2020年新冠肺炎疫情期间实施的所有主要美联储贷款计划的规模。根据数据,紧急信贷便利的使用很少,而使用最多的是约750亿美元的回购贷款和约667亿美元的工资保障计划流动性便利(Paycheck Protection Program Liquidity Facility, PPPLF)。在某些情况下,这种美联储信贷便利的存在本身就能让市场平静,恢复运作。市场参与者知道美联储正在支持市场,因此尾部风险较小。使用量很小并不一定意味着不需要这些紧急信贷便利或者它们没有效果。

值得关注的一个例外是外汇掉期协议。美联储的外汇掉期协议被大量使用,表中当日的在外发行量达到2 260亿美元。更详细的美联储掉期协议使用明细可以在纽约联储的网站上找到,该网站显示日本央行是外汇掉期的主要用户。这并不意外,因为日本投资者持有大量美元资产,他们通过外汇掉期市场融资。从而如果美元货币市场出现混乱,他们是最可能需要紧急融资的。

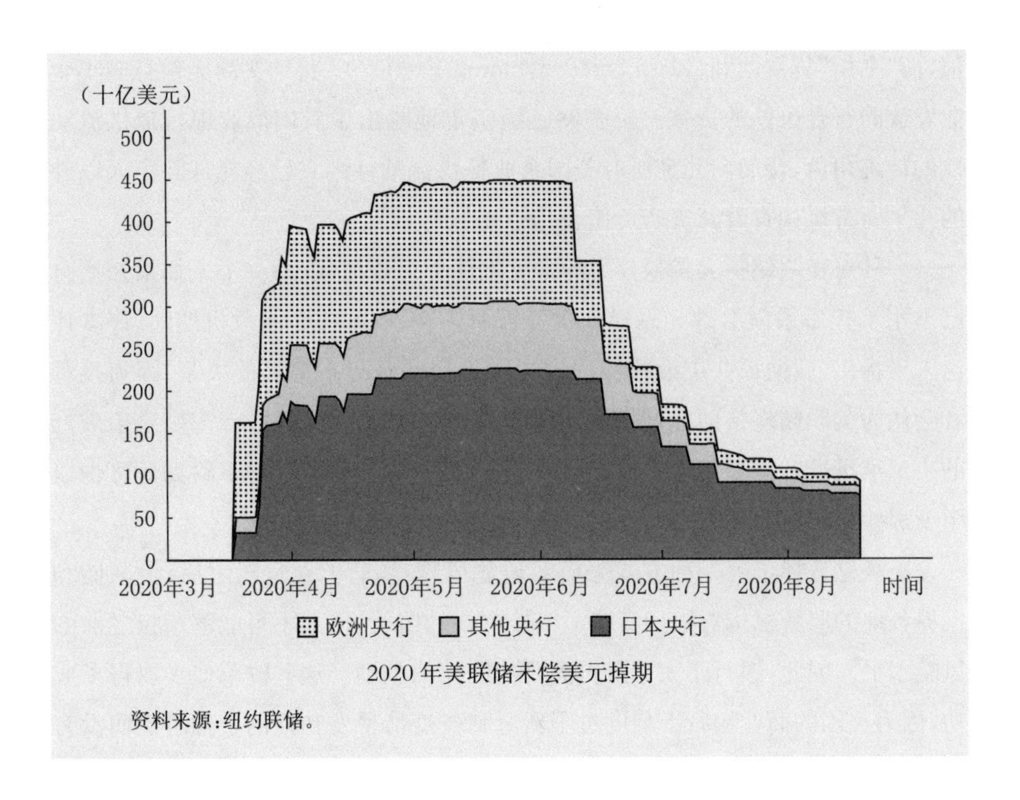

2020 年美联储未偿美元掉期

资料来源:纽约联储。

这些行动最终稳定了金融体系,并创立了以美联储作为商业银行、影子银行甚至外国银行的最后贷款人这一先例。这一先例在 2020 年美国新冠肺炎疫情期间更加牢固了,美联储迅速使用了 2008 年危机时期中几乎所有的第 13 条第 3 款的便利工具。美联储甚至更进一步,承担起私营企业最后贷款人的责任。

美联储在 2020 年的 3 月和 4 月宣布了新的便利工具,旨在通过商业银行向小企业放贷、通过资本市场向大型企业放贷。①一级和二级企业融资便利(Primary and Secondary Corporate Facilities)将在一级和二级市场上购买公司

① "Federal Reserve Announces Extensive New Measures to Support the Economy", Press Release, Board of Governors of the Federal Reserve System, March 23, 2020, https://www.federalreserve.gov/newsevents/pressreleases/monetary20200323b.htm; "Federal Reserve Takes Additional Actions to Provide up to $2.3 Trillion in Loans to Support the Economy", Press Release, Board of Governors of the Federal Reserve System, April 9, 2020, https://www.federalreserve.gov/newsevents/pressreleases/monetary20200409a.htm.

债，而“主街”贷款便利(Main Street Lending Facility)*将购买商业银行向小企业发放的符合条件的贷款。美联储已经坚定地跳出了其向商业银行提供流动性的传统角色，转而向几乎所有美国企业提供流动性。它已经允许除个人以外的几乎所有机构查看其资产负债表。

一种对美联储扩大贷款权力的常见批评是道德风险，即一个人如果知道自己不用承担后果就会肆无忌惮而鲁莽行事。在 2008 年金融危机期间，许多评论人士指出，救助那些决策糟糕的投资者将会导致更多糟糕的决策，因为投资者会认为美联储将帮助他们摆脱困境。这种考虑促使投资银行雷曼兄弟破产的决定被批准。雷曼兄弟的破产加速了金融资产的下跌，这种下跌如此可怕以至于那些担心道德风险的人也不再站出来反对了。

美联储选择了另一种方式来应对道德风险：监管。在危机之后，美联储和世界各地的监管机构对银行实施了格外严格的监管，使其不再能够承担之前的风险水平。因此，银行不太可能再需要美联储的救助。这些改革似乎取得了成功，因为美国的商业银行平稳度过了新冠肺炎疫情暴发初期的金融恐慌而没有遭遇太多困难。

新监管规定也被用于主要影子银行的改革，如一级交易商和货币市场基金。这些部门也同样轻松平稳地克服了美国新冠肺炎疫情暴发初期带来的影响，只有优先型货币市场基金遇到了些困难。然而，其他影子银行如 mREITs、ETF 和私募投资基金并不受制于强化监管。这些实体中有许多在美国新冠肺炎疫情暴发初期的金融恐慌中蒙受了巨大损失，只能由美联储的介入来拯救。

调控整条收益率曲线

2008 年，美联储触及了零利率下限，在零利率下限处隔夜利率为零。由

* 即扶持实体经济(main street)，相对于华尔街(金融界)。——译者注

于美联储无法再降低利率，这在表面上似乎意味着货币政策失效了。但美联储用两种新工具的推行令人眼前一亮：前瞻性指引(forward guidance)和量化宽松。

前瞻性指引是美联储将利率控制从短期扩展到中期的一种方法。美联储口头承诺在较长一段时间内维持低政策利率。只要市场相信美联储的承诺，那么即使是中期利率也会走低，因为市场利率将不会反映从当前到中期的任何加息事件。经济衰退期间的利率曲线通常向上倾斜，2 年期美国国债的收益率会高于隔夜政策利率。这是因为市场预期到，经济将逐渐反弹并促使美联储提高政策利率，从而未来的隔夜利率将高于其目前水平。前瞻性指引使得曲线变得更加平坦，因为美联储承诺即使经济复苏，政策利率也仍将保持在低水平。

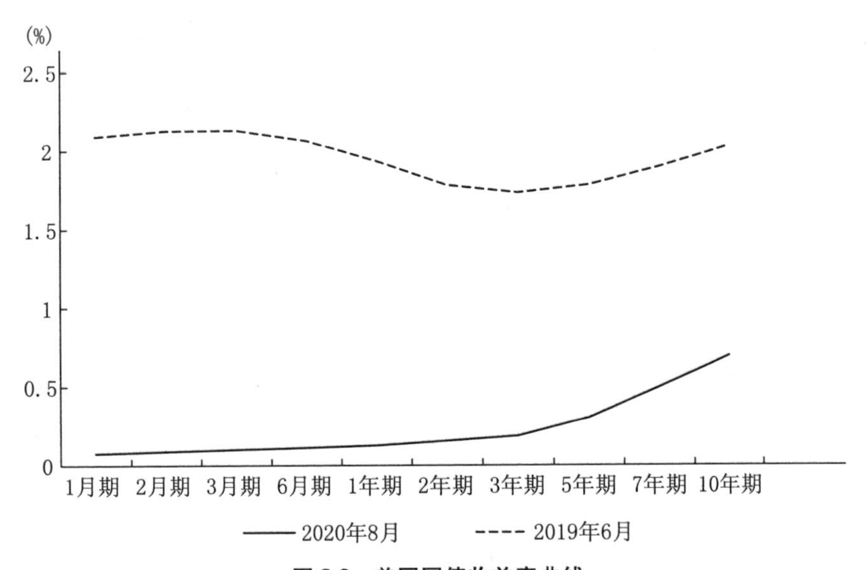

图 8.2　美国国债收益率曲线

资料来源：Bloomberg。

2019 年 6 月美国国债的收益率曲线倒挂，这预示了一次短期的衰退，也预示美联储将很快削减隔夜利率，导致曲线更加陡峭。一年后，经济衰退到来，曲线又陡又直(见图 8.2)。主席鲍威尔在 2020 年 6 月的记者会上表示："我们甚至没有考虑过加息。"[①]市场排除了未来几年内任何加息的可能性。

美联储可以通过不同方式来实施前瞻性指引。它可以通过承诺保持低利率直到完成特定的经济表现目标,或者在特定时间内保持低利率来做到这一点。例如,美联储可以承诺将维持零利率直至通货膨胀率持续上升到 2%以上、直到失业率降至 4%以下,或者至少维持两年等。在 2008 年金融危机之后,这两种指引方法都已经被美联储使用过,它最初采用时间长短,然后更多地采用经济目标。前瞻性指引似乎能够被市场很好地理解,但它似乎也导致重要数据发布前后出现更多的波动,因为市场参与者会将经济目标走向与美联储的行动直接联系在一起。

量化宽松是指美联储通过购买长期美国国债来控制长期利率,从而降低这些债券收益率的一种方式。当量化宽松政策被首次宣布时,不难想象其所引发的巨大争议。许多人担心恶性通货膨胀即将到来,黄金价格将要飞涨。但显然,恶性通货膨胀并未发生。通过印刷央行准备金来购买美国国债,就像印刷一张 100 美元钞票并用它再去购买另一张 100 美元钞票一样。系统中的货币数量并没有改变,只是货币组成发生了变化。这使得美国国债减少,而央行准备金增加。

美联储的研究表明,量化宽松在降低长期利率方面是有效的,这有助于刺激经济活动。[②]即使不进行研究,基本的供求动态也表明,购买数万亿美元的美国国债将对其价格施加上行压力(对收益率施加下行压力)。然而,量化宽松似乎也没有明显的副作用。在实行了十多年后,美联储已经对量化宽松抱有信

---

① Powell, Jerome, 2020, "Transcript of Chair Powell's Press Conference", Press Conference. Board of Governors of the Federal Reserve System, June 10, https://www.federalreserve.gov/mediacenter/files/FOMCpresconf20200610.pdf.

② Kim, Kyungmin, Thomas Laubach, and Min Wei, 2020, "Macroeconomic Effects of Large-Scale Asset Purchases: New Evidence", Finance and Economics Discussion Series 2020-047, Washington: Board of Governors of the Federal Reserve System, March, https://doi.org/10.17016/FEDS.2020.047.

心，并于新冠肺炎疫情暴发引发的金融恐慌期间大规模使用。

前瞻性指引和量化宽松，都已在十多年的使用后从美联储的非常规工具转变为常规工具。事实证明，两者在影响利率水平方面都是有效的。2020年，美联储还开始了对收益率曲线控制（yield curve control，YCC）的初步讨论，这可能会使得对利率的控制更加精确。收益率曲线控制是指中央银行宣布其利率的具体目标数字。注意，收益率曲线控制的第一次使用实际上发生在二战期间，当时美联储试图通过保持低利率来支持战争。收益率曲线控制下的利率控制可以减少央行的债券购买，因为市场参与者知道央行愿意并能够通过无限制购买来执行其明确的利率目标。

收益率曲线控制是一种越来越受到世界各国央行欢迎的新的货币政策工具。日本央行是第一个实施收益率曲线控制的主要央行，2016年，日本央行宣布将把10年期日本政府债券（JGB，即日本国债）的收益率锚定在零附近。有趣的是，日本央行之所以宣布收益率曲线控制，不是为了保持低利率，而是为了提高利率。在实施收益率曲线控制之前，10年期日本国债的交易利率低至约－0.5％。日本央行希望通过提高10年期日本国债的收益率，使得日本国债的利率曲线变得更陡峭，并刺激商业银行放贷。日本央行成功地实施了收益率曲线控制，并且自该计划宣布以来，日本国债收益率一直维持在零利率附近很窄的区间内。

2020年初，澳大利亚储备银行（RBA）成为第二个实施收益率曲线控制的主要央行。澳大利亚央行宣布，它将把3年期澳大利亚政府债券的收益率固定在0.25％。仅这一声明就足以将3年期利率提高到0.25％。该政策的目的是通过降低利率来刺激经济，因为澳大利亚的许多抵押贷款和公司债都是3年期左右。澳大利亚央行只需发布一份公告就能实现这一目标。

降低利率真的有效吗?

现代中央银行的信条决定了降低利率可以刺激经济增长,这就是为何中央银行如此渴望在经济衰退期间降低利率。然而,有证据表明,利率与经济增长呈正相关而非负相关关系,因此利率往往随着经济增长而上升。①这可能部分解释了为什么许多利率很低,甚至为负的发达经济体在过去的十年中没有发生重要的经济增长。

假设不存在中央银行。当经济繁荣、乐观情绪高涨时,贷款需求旺盛。人们对未来充满信心,即使利率很高,他们也想借钱。货币需求的增加导致了利率上升。另一方面,当经济风暴正在酝酿,人们对未来没有信心时,他们就不会借钱。当预期到困难时期要到来时,他们会试图偿还贷款。随着货币需求下降,利率也会下降。即使没有美联储介入,利率也会与商业周期同步变动。

美联储控制短期利率,而这会影响长期利率。当美联储降低利率时,借款人通常会在商业贷款或抵押贷款上节省一些钱。企业或消费者可能会以4%的利率贷款,而在6%利率下可能并不会贷款。但是,他们是否会以2%的利率贷款而不以3%的利率贷款?即使降低利率会刺激经济,这种效果也可能会逐渐减弱。

日本和欧元区忠实地遵循着它们的经济模型,将低利率进一步降低到负值。欧洲央行的经济学家们认为,负利率会鼓励增长,因为它迫使企业进行投资,而不是眼睁睁看着资金因负利率而消失。②在某种意义上,负利率就像

---

① Lee, Kang-Soek, and Richard A. Werner, 2018, "Reconsidering Monetary Policy: An Empirical Examination of the Relationship Between Interest Rates and Nominal GDP Growth in the U.S., U.K., Germany and Japan", *Ecological Economics* 146: 26—34, https://doi.org/10.1016/j.ecolecon.2017.08.013.

② Altavilla, Carlo, Lorenzo Burlon, Mariassunta Giannetti, and Sarah Holton, 2019, "Is There a Zero Lower Bound? The Effects of Negative Policy Rates on Banks and Firms", Working Paper No. 2289. European Central Bank, June, https://www.ecb.europa.eu/pub/pdf/scpwps/ecb.wp2289～1a3c04db25.en.pdf.

一种为了强制消费的现金税。尽管欧洲央行进行了研究，但欧元区的经济多年来一直增长缓慢。

负利率似乎对银行的盈利能力施加了负面影响。中央银行准备金实行负利率，总体而言减少了银行部门的收入。它还使整个利率曲线下移，因此贷款赚取的利息减少。值得注意的是，欧洲银行的股价在近十年来持续下跌，而美国的银行却成功地达到2008年的高点之上。负利率对银行部门的负面影响，是美国政策制定者对实施负利率感到犹豫的原因之一。健康的银行部门是创造贷款所需要的，而这些贷款为经济增长提供资金。

欧元区和美国的银行的股市指数

资料来源：欧洲斯托克银行指数，KBW银行指数；基期2000年1月1日的指数水平为100。

然而，较低或者负的短期利率能够对金融资产产生巨大影响。这是因为许多投机者使用非常短期的贷款来购买金融资产。当美联储将隔夜利率降低1%，这个影响会完全传递到隔夜回购利率和股市保证金利率上。假设一名投资者用2%的回购贷款购买了100万美元的债券，债券收益率为3%。那么，短期利率下降1%将使他的利息支出减少50%，并显著扩大其息差。因为利息支出降低，他现在甚至愿意以更低的收益率(从而以较高的债券价格)购买债券。

从十年的经验判断，低利率倾向于提高资产价格，但不一定能刺激真实经济增长。

第9章 如何进行美联储观察

美联储的沟通渠道

美联储决策对市场产生了巨大影响，催生了“美联储观察者”(Fed watchers)这一小型职业的兴起。这些人通常是策略师或经济学家，往往在美联储工作了若干年，而后决定加入投资银行赚取翻倍收入。他们花时间分析美联储的行动，然后与富有的客户或大型机构投资者分享分析结果。他们也会加入CNBC或Bloomberg，对美联储的未来行动进行推测。有时这些人有很好的洞察力，但他们所做的大部分工作，都可以由任何拥有正确信息、得到训练的人完成。本章将告诉你有关美联储观察的基础知识。

在2008年金融危机之前，美联储的行动非常不透明。事实上，有时市场会对美联储的利率决定感到意外。但这种情况很少再发生，因为市场现在能够准确预测美联储的行动。这是由于美联储努力通过与市场交换观点以提高透明度。成为美联储观察者的基本要求是了解美联储当前的想法，而后预测美联储未来的行动。接下来将回顾美联储与市场沟通的渠道(见表9.1)。

表 9.1　美联储的沟通渠道及其重要性

沟通渠道	重要程度
FOMC 会议声明	高
FOMC 新闻发布会	高
FOMC 会议纪要	高
FOMC“点图”	高
美联储讲话	中
美联储采访	中
公开市场交易室运营报告	中
美联储资产负债表	中
美联储研究	低
美联储问卷调查	低

FOMC 会议声明（FOMC statement）

联邦公开市场委员会(the Federal Open Market Committee，FOMC)在每次会议结束时都会发布一份声明。这份声明简要总结了 FOMC 对经济状况的看法，以及 FOMC 为实现其双重任务而采取的行动。虽然声明的长度不超过一页，但其措辞非常、非常地谨慎，以传达准确信息。市场评论员将比较当前和以前的声明，以通过措辞的细微变化来衡量 FOMC 观点的变化。从已经解密的 FOMC 材料可以看出简短声明中囊括了多少想法。

表 9.2 源自为 2014 年 1 月 FOMC 会议准备的 Tealbook B。Tealbook B 的正式名称为“货币政策：策略与选项”(Monetary Policy：Strategies and Alternatives)，它是为每次会议准备的简报，FOMC 会介绍了一系列政策选择。该简报是高度机密的，但在出版数年以后将向公众解密。从解密的简报中，你可以看到 FOMC 面临不同的鸽派程度的选择，这就如同对你自己的冒险方案进行选择。这些选项显示了美联储对于如何行动存在着极为细微的差别。在语言方面，不同的措辞表达了对经济的不同乐观程度。在资产负债表政策方面，不同的选项

表 9.2 为 2014 年 1 月 FOMC 会议准备的 Tealbook B

授权公开发布

I 类 FOMC—受限控制(Restricted Controlled)(联邦储备)　　2014 年 1 月 23 日

表格 1：1 月 FOMC 会议声明的政策选项概述

要素	12 月的会议声明	1 月的可能情形		
		A	B	C
经济状况、展望与风险				
经济状况	经济活动正在温和扩张	近几个季度经济活动加速增长		
	劳动力市场状况进一步改善	劳动力指标经济表现参差不齐		不变
	失业率有所降低,但仍居于高位	失业率有所降低,但仍居于高位		失业率虽然在长期上与符合双重任务的水平相比过高,但正在继续下降
	财政政策正在抑制增长,尽管抑制程度可能正在减弱	财政政策正在抑制增长,尽管抑制程度在减弱		财政政策对增长的抑制程度**正在**减弱
	通货膨胀水平持续低于长期目标	通货膨胀水平持续**远远**低于目标	不变	
展望	经济增长将有所回升,失业率将逐渐下降	经济活动将温和扩张;失业率将逐渐下降		
风险	风险水平更为均衡	风险接近均衡,但仍略微下行	风险几乎均衡	
资产负债表政策				
政府支持机构 MBS	350 亿美元/月	不变	300 亿美元/月	250 亿美元/月
美国国债	400 亿美元/月	不变	350 亿美元/月	300 亿美元/月
购买的根本原因	在实现最大就业方面取得持续进展,改善劳动力市场前景	有关劳动力市场和通货膨胀的信息并不表明会放缓步伐	不变	在实现最大就业方面取得持续进展,改善劳动力市场前景
购买的指导	如果新信息广泛支持了预期,则可能减缓未来会议上采取进一步措施的速度	……可能在未来会议上**谨慎地放缓步伐**	不变	……在未来会议上可能会**继续放缓**……
联邦基金利率				
目标	0 到 0.25%	不变		
利率指导	至少没有超过利率区间(6.5%;2.5%)的范围且通货膨胀预期保持良好锚定	不变		
	在超过失业门槛之前,预计维持当前的 FFR 目标可能是恰当的,尤其当预计通货膨胀率持续低于 2%	只要(特别当)预计通货膨胀率持续低于 2%时,则至少在失业率降低至 6%(5.5%)之前,维持当前 FFR 目标可能是恰当的	**继续**预期在超过失业率门槛一段时间后,维持当前 FFR 目标可能是恰当的	不变
	开始撤走政策时,将采取均衡措施	在**最终**开始撤走政策时,将采取均衡措施	不变	

体现了通过调整美联储量化宽松速度而实现的不同程度的宽松。在基金利率方面,不同选项则在美联储可能的加息时间点上表现出非常细微的差异。

在每次会议上,FOMC将审阅当前的简报,讨论对经济的看法,随后就采取哪些行动方案进行投票。

FOMC新闻发布会(FOMC press conference)

每次FOMC会议以一小时的新闻发布会结束,该新闻发布会在美国东部时间下午2:30开始,美联储主席在发布会上接受媒体提问。这些新闻发布会是美联储进行沟通的最重要的途径之一。在发布会上,美联储主席将就广泛的话题被提问,市场可以了解到美联储对这些话题的最新观点。更重要的是,这是即时讲话,而不像其他FOMC沟通渠道那样经过大量编辑和审核。市场观察主席的反应,并分析其措辞,以此来猜测美联储未来的行动。美联储主席同样知道这是一个引导市场的机会,因此可能有目的性地选择其措辞。

正如前一章所述,鲍威尔在2020年6月的FOMC新闻发布会上指出,他不仅不打算加息,而且"甚至没有考虑过加息"。随着深度衰退前景的逐渐逼近,鲍威尔利用这个机会向市场暗示利率将长期维持在零。回想一下,美联储控制短期利率只是为了影响长期利率。鲍威尔对货币政策的实施,是通过告诉市场短期利率将在很长一段时间内保持低位,以试图压低长期利率,以此来实施货币政策。他希望市场定价在很长一段时间内不反映任何加息。

FOMC会议纪要(FOMC minutes)

每次FOMC会议的会议纪要都会在会议召开三周后发布。会议纪要简单记录了向 FOMC 提交的信息，以及在会议期间讨论的内容。虽然 FOMC 会议声明非常简洁，但会议纪要通常有十页左右。与声明一样，会议纪要也经过精心构思以传达特定的信息，同时市场对它们的反应也被密切监控。

会议纪要的第一部分回顾了会议期间的经济和金融状况，其次是对经济状况的预测，最后部分是 FOMC 参与者对他们观点的讨论。前两个部分由公开市场交易室和联邦储备委员会的工作人员共同完成。对会议期间发展的回顾基本是记录事实，但 FOMC 的经济展望有助于为美联储未来的行动提供信息。悲观的评估预示一个更为宽松的政策。

尽管会在会议上收到一份经济状况的简报，但每名 FOMC 参与者也有自己的经济学家团队，并且根据他们在各自地区看到的数据可能会持有不同观点。会议纪要将以匿名方式披露会议期间的一些讨论。会议纪要通过用“多数”(majority)、“一些”(a number)或“几个”(a couple)等词量化每个观点的受支持度，让读者可以了解 FOMC 参与者在整体上所持的观点。记住，会议记录中的每一个字都经过精心起草，并经过多层审核，以传达预期的信息。

例如，2020 年 7 月的 FOMC 会议纪要指出：①

> **多数(majority)**与会者对作为货币政策工具的收益率上限和目标——沿着收益率曲线设定利率上限或目标的方法——发表了评论。在讨论这一方法的参与者中，**大多数人(most)**认为收益率上限和目标在当前环境下可能只会带来适度的好处，因为委员会关于联邦基金利率路径的前瞻性指引已经显得非常可信，且长期利率已经处于地位。其中**许多与会者(many)**还指出有关收益率上限和目标的潜在成本。

本段文字旨在让读者了解 FOMC 对收益率曲线控制的支持程度。FOMC 成员在之前几个月经常讨论收益率曲线控制的问题，但会议纪要表明 FOMC

① “Minutes of the Federal Open Market Committee, July 28—29, 2020”, Board of Governors of the Federal Reserve System, August 19, 2020, https://www.federalreserve.gov/monetarypolicy/files/fomcminutes20200729.pdf.(着重部分由作者标明。)

并没有强烈支持。会议纪要公布后，美国国债收益率上涨，这表明一些市场参与者在这一新信息公布后调整了自己的押注。

会议纪要往往预示着未来几个月的政策动向。例如，2018 年 1 月的 FOMC 会议纪要显示了对银行准备金支付利息的“技术调整”的讨论，以控制联邦基金市场。这项技术调整在当时的新闻发布会上没有被讨论，但后来却实施了。2020 年 4 月的 FOMC 会议纪要包含关于提高美联储回购贷款利率的讨论。这在当时的新闻发布会上也没有被讨论，但后来实施了。美联储观察者在会议纪要中注意到了这些迹象，并在它们发生之前就预料到这些行动。

FOMC“点图”(FOMC “dot plot”)

自 2007 年底起，美联储开始在 3 月、6 月、9 月和 12 月的 FOMC 会议上发布每季度一组的经济预测[即“经济预测概览”(Summary of Economic Projections)]。该概览包括对实际经济增长、通货膨胀和失业率的预测。在 2012 年稍晚时，美联储补充了对联邦基金利率水平的预测。每个 FOMC 参与者的预测都以一个点的形式出现，这个点是参与者认为的适当政策目标范围在指定年份年底所处的水平。这个预测图最终看起来像一张点图。

“点图”是一个与市场动态相关的数据，因为它让我们一瞥未来政策利率的轨迹以及 FOMC 参与者的观点的分散程度。这比经济预测更具体，因为它将预测转化为利率调整。“点图”中的共识越多，市场价格就越强烈地反映美联储即将采取的行动。但“点图”并不总是能很好地预测将要发生什么。

2018 年 12 月美联储的“点图”显示，2019 年有多个 FOMC 成员认为会加息三个 0.25%。2018 年底的目标区间为 2.25% 至 2.5%，“点图”显示多个 FOMC 参与者预计 2019 年底的目标区间为 3% 至 3.25%。此外，FOMC 似乎普遍认为至少需要两次加息。在消化了这一消息后，股市陷入恐慌，并在接下来的几周内跌至多年低点。此后，FOMC 在 1 月迅速进行了一次彻底的转向，并宣布将在 2019 年降息。随后几个月里股市强劲反弹。当金融状况变化时，美联储也可以迅速改变主意。

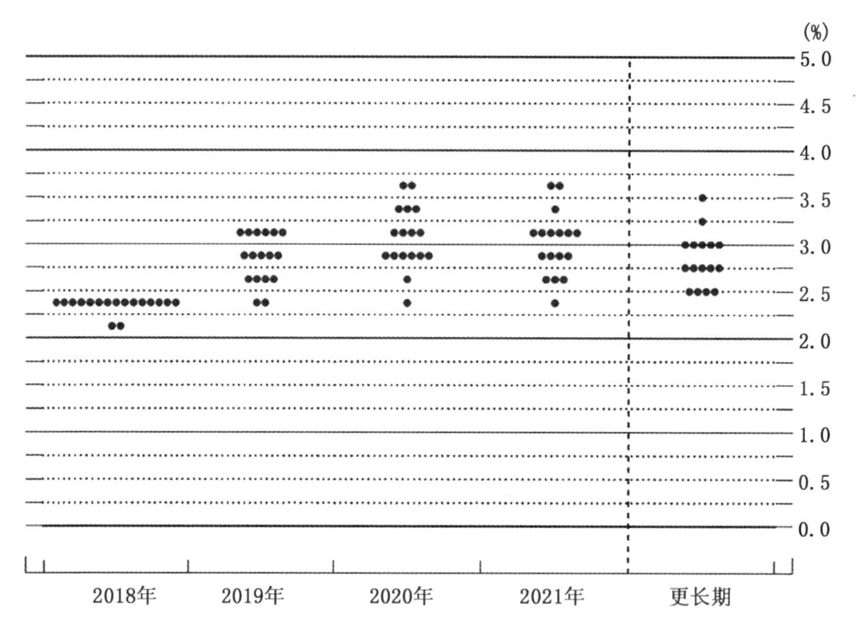

图 9.1　FOMC 参与者对适当货币政策立场的评估，即联邦基金利率目标区间中值或目标水平比例

美联储讲话（Federal Reserve speeches）

联邦储备银行行长和联邦储备委员会主席经常就他们对货币政策的看法发表讲话。①他们的观点并不总是一致，并且其中一些观点相对其他更为重要。

FOMC 的投票机构由理事会理事、纽约联储主席以及来自地区联邦储备银行的四位行长组成，每年轮换一次。在 FOMC 内部，最有影响力的人是主席、

① 圣路易斯联储的网页有助于及时了解所有最新的美联储讲话。

副主席和纽约联邦储备银行的主席(兼任副主席)。这三人被称为“三巨头”(troika),在FOMC上拥有最高权力,因此他们的想法必须被给予最大重视。2019年,纽约联储主席约翰·威廉姆斯(John Williams)发表讲话,建议当利率处于低位时,美联储没有太多弹药来应对衰退,因此其应该更积极地降息。①当美国2020年暴发新冠肺炎疫情,经济衰退到来时,美联储正是这样做的,它迅速将利率下调至零。短期利率期货交易员在几天前就已经预料到这一行动,他们无疑与威廉姆斯的想法一致。

2019年11月,美联储理事莱尔·布雷纳德(Lael Brainard)发表讲话,推测收益率曲线控制的有效性。②美联储主席鲍威尔也承认在美联储会议上讨论了一些关于收益率曲线控制的问题。这导致许多美联储观察者认为美联储在短期内实施收益率曲线控制的可能性很高。美联储是一个非常谨慎的机构,所以如果在演讲中提到政策变化,那么内部已经在认真讨论了。但新冠肺炎疫情随后暴发,经济状况发生变化,美国国债收益率暴跌。FOMC会议纪要在之后表明,收益率曲线控制已被搁置,但可以在未来被重启。

FOMC成员通常根据他们所表露出的观点被贴上“鸽派”或“鹰派”的标签。鸽派更喜欢宽松的货币政策,而鹰派则相反。众所周知,一些美联储主席总是提倡降低利率和更多的量化宽松政策,而另一些则恰恰相反。美联储观察者可以回顾每位美联储主席的演讲,了解他们的立场,然后观察谁在明年将轮换到投票位置,以猜测FOMC可能如何投票。

美联储观察者会特别注意鸽派转为鹰派或鹰派转为鸽派。这些转变可能预示着FOMC行动的转变。例如,倘若一位以鸽派著称的美联储主席也反对进一步放宽政策,那么进一步放宽政策的可能性就很小。

---

① Williams, John C, 2019, “Living Life Near the ZLB”, Speech, July 18, https://www.newyorkfed.org/newsevents/speeches/2019/wil190718.

② Brainard, Lael, 2019, “Federal Reserve Review of Monetary Policy Strategy, Tools, and Communications: Some Preliminary Views.” Speech, November 26, https://www.federalreserve.gov/newsevents/speech/brainard20191126a.htm.

美联储采访和国会证词

美联储官员通常对何时与市场沟通有一个预设的时间表，包括预先安排的FOMC会议、行业小组会议或其他活动。但他们也总是可以打电话给媒体，并接受计划外的采访。这种情况有时发生在当美联储认为市场产生误解，并且想在失控之前纠正误解时。如果美联储主席或副主席突然进行计划外采访，那么这些采访应该受到认真对待。

在2017年3月FOMC会议之前，尽管近期经济数据向好，但短期利率市场并未将美联储的任何行动反映到价格中。美联储官员随后接受了一系列采访，强烈暗示将在3月FOMC会议上加息。①短期利率交易员注意到，并开始对其定价。FOMC不久后就实施了加息。谨记，现代美联储不想给市场带来太多惊喜，因为它不喜欢金融资产价格的波动。

美联储主席每年两次出席国会的汉弗莱-霍金斯(Humphrey-Hawkins)听证会[也被称为货币政策报告(Monetary Policy Report)]。在听证会上，美联储主席就金融和经济发展以及美联储的行动提供证词。主席还将回答国会议员的问题。这些听证会尽管引起了广泛关注，但通常不会透露任何新内容。主席主要只是重复他们在之前的FOMC新闻发布会上说过的话，而国会议员则基本上是借此机会表演下。

公开市场交易室运营报告（Desk operating statements）

美联储通过公开市场交易室买卖证券。该交易室在纽约联储的网站上发

---

① Condon, Christopher, and Rich Miller, 2017, "Fed Officials Signal More Willingness to Consider March Hike", *Bloomberg*, February 28, 2017, https://www.bloomberg.com/news/articles/2017-02-28/fed-officials-signal-greater-willingness-to-consider-march-hike.

布其运营政策和运营日历。这些信息可以告诉你一些关于美联储对金融市场的看法。

在2020年美国新冠肺炎疫情暴发引起金融恐慌时，交易室于3月23日发表声明，指出他们每天将购买规模惊人的750亿美元美国国债。[①]随着时间的推移，他们将这一数字逐渐减少到每月800亿美元左右，但这仍然是一个巨大的数字。从这些信息中，美联储观察者可以推断美联储向金融体系注入的流动性数量，然后预测对利率和股价的影响。许多市场评论员看到了这一现象并认为股市会暴涨，事实确实如此。

2020年6月，交易室宣布将其回购贷款便利的最低报价利率从0.1%提高到0.15%。这导致短期美国国债收益率也略有上升，因为市场参与者推测，这一行为将对所有短期利率施加轻微上行压力。一级交易商对于现金贷方的议价能力将减弱，因为作为一级交易商替代资金来源的美联储借款利率，从0.1%上升到了0.15%。私营部门的贷方将拥有更强的议价能力来要求回报率超过0.1%。

交易室还在结束了日常运作之后立即发布日常运营结果。他们将发布全天的回购和逆回购操作、MBS购买、美国国债购买和证券借贷的结果。美联储观察者关注这些操作的变化，并从中推断出市场的变化。例如，当交易室的逆回购操作参与度逐渐增加时，这意味着货币市场基金投资者难以找到收益率更高的私营部门投资，因此被迫将资金存放在美联储。这通常意味着金融体系中有充足的流动性，并预示货币市场利率会在不久的将来保持在低位。

美联储资产负债表

美联储观察者对美联储的资产负债表越来越感兴趣，因为资产负债表已成

---

① "Statement Regarding Treasury Securities and Agency Mortgage-Backed Securities Operations", Operating Policy, Federal Reserve Bank of New York, March 23, 2020, https://www.newyorkfed.org/markets/opolicy/operating_policy_200323.

为美联储工具包中越发重要的部分。他们想知道它是否在增长,如果在增长则正在被哪些资产所推动。他们使用这些信息来预测金融市场可能发生的事情。一般地,他们假设如果美联储扩大其资产负债表,那么利率会走低,股市会走高。某些信贷便利的更高参与度也可能是某些市场领域压力的一个指标。

美联储每周在 H.4 板块中公开披露其资产负债表,每周四下午在线发布。H.4 中的重点包括商业银行持有的银行准备金数量、美联储持有的美国国债和政府支持机构 MBS 的数量、美联储特殊信贷便利的规模,以及代表外国官方账户持有的证券数量。

储备和证券持有。准备金和证券持有量是一枚硬币的两面,其中准备金被用来支付美联储购买的证券。

美联储信贷便利。在市场面临巨大压力时,美联储会提供特殊的信贷便利来支持某些市场领域。在美国 2020 年暴发新冠肺炎疫情引起金融恐慌后,美联储宣布恢复 2008 年金融危机时期的几项便利,并增加了一些新的便利工具。这些便利下的发行在外的债务余额每周都被披露一次。这些便利的实施程度有助于市场参与者衡量市场压力的严重性。例如,4 月与外国央行的外汇掉期交易余额增加至近 5 000 亿美元。同期,私募市场外汇掉期基差大幅走高,美元大幅走强。然而,随着离岸美元融资压力的指标逐渐减弱,美联储发行在外的外汇掉期也在 4 月之后逐渐下降。总而言之,这表明在新冠肺炎疫情暴发引起金融恐慌,离岸美元融资市场存在巨大压力,而这些压力已由美联储 5 000 亿美元的流动性被解决。

FIMA 账户。美联储向外国官方部门客户(例如外国中央银行、外国政府或国际组织)提供银行服务。美联储为它们提供两项主要服务:抵押活期账户(collateralized “checking account”)和证券托管服务。抵押活期账户的结构为回购交易,外国官方部门客户以回购贷款的形式向美联储借钱。在实践中,它在本质上是一个以美国国债为抵押的活期账户。许多外国官方部门客户也以美国国债的形式持有美元储备,以获得更高的回报。美联储可以充当这些证券的托管人。

许多外国官方部门客户更愿意在美联储持有美元储备,因为它是无风险的。然而,有些人还是在商业银行存放了至少一部分美元储备。这可能是因为商业银行提供了更全面的产品组合并提供更高的利率,或者是由于地缘政治风险出现时的多样化原因。市场参与者会注意这些美国国债持有量何时下降,因为这表明外国央行正在出售手中的美国国债,并使用美元干预货币市场。

公开市场交易室的问卷调查

公开市场交易室定期对市场参与者进行调查,以了解市场的想法。调查对象是一级交易商以及一些市场参与者,其中包括许多世界上最大的投资基金。[①]调查问题通常包含一组标准问题,关于政策利率、增长、通货膨胀、失业,以及一些热门问题的预期。例如,当美联储将其资产负债表正常化时,调查包含了关于未来准备金余额估计水平的问题。

这些调查被用于弄清楚市场的定价,以便 FOMC 能够适当地校准其行动。尽管某种形式的市场预期在市场定价中很容易被观察到,但结果的分布却不易被观察。例如,在 2020 年 3 月初的美国新冠肺炎疫情引发的金融恐慌中,联邦基金期货市场暗示联邦公开市场委员将在原定的 3 月 17 日会议上再次降息 0.5%,而此前它已在 3 月 3 日的计划外紧急会议上将利率下调 0.5 个百分点降低至 1%。2020 年 3 月的调查显示,预期存在异常高的差异,大多数受访者预计在即将召开的会议上会降息 0.5%,但超过四分之一的受访者预计将下调一个百分点降息至零。因此,市场定价反映了中位的参与者,但没有反映出较厚的左尾的预期。这些信息是有用的,因为 FOMC 试图不让市场感到太意外,因

① 调查对象名单可从纽约联储网站查阅。其中包括太平洋投资管理公司、Citadel、先锋、D.E. Shaw、贝莱德、凯雷集团(The Carlyle Group)等。

为这可能导致大幅波动。最终，FOMC 降息 1%，给市场带来一个温和但并非完全出乎意料的调整。

另一个例子是，2014 年 1 月公开市场交易室的问卷调查显示，市场参与者普遍预计在即将召开的会议上每月资产购买率将小幅下调 100 亿美元。以此为基准预期，FOMC 决定视不削减购买率的政策为鸽派，而削减超过 100 亿美元的政策为鹰派。FOMC 最终决定满足市场的预期。但如果它想出乎市场任何一方的意料，通过问卷调查就能够知道如何行动。

公开市场交易室调查问卷大约在 FOMC 会议召开前两周在纽约联储网站上公开发布，调查结果在 FOMC 会议大约三周之后公开发布。这些问题可以帮助美联储观察者了解美联储目前对什么感兴趣，这些结果有助于了解美联储的政策行动。

美联储研究

每家联邦储备银行都有大量拥有博士学位的经济学家，他们定期以研究论文或博客文章的形式发表经济研究。这些发表的研究报告不一定反映美联储官员的观点，而是作为经济学家分享个人观点和发现的渠道。美联储是一个非常庞大且官僚的组织，因此看到广泛的观点有时会发生冲突也就不足为奇了。美联储的经济学家可以访问大量机密数据，因此他们的研究结果提供了了解市场最新动态的机会。它可能不会增加你对 FOMC 下一步行动的了解，但关注美联储员工研究是不断训练你自己的一个好方法。几个值得注意的美联储“思想点”是纽约联储的“自由街经济学”（Liberty Street Economics）博客和理事会的 FEDS 事项部分。此外，理事会的半年度金融稳定报告是一本出色且易于阅读的出版物，它根据美联储收集的数据对金融体系的状况进行了很好的概述。

美联储问卷调查

联邦储备银行和理事会进行调查以收集有关经济状况的定性信息。一些比较著名的调查是“褐皮书”(Beige Book)和高级贷款官员调查(Senior Loan Officer Survey)。这些调查不会影响市场,但有助于了解美联储如何看待经济。

“褐皮书”每年发布八次,汇集了每个美联储地区商界领袖的见闻。美联储工作人员与他们所在地区的业务联系人进行外联,并记录他们的发现,特别是有关就业和价格变化的信息。“褐皮书”提供了不同地区和行业正在发生的事情,这些叙事情境补充了美联储的硬数据库。

高级贷款官员调查每季度发布一次,面向商业银行的高管,旨在帮助美联储了解信贷状况的变化。美联储想知道贷款标准是收紧还是放宽,因为信贷的可得性是一个关键的经济指标。当银行收紧贷款时,流入金融体系的资金就会减少,这可能给经济增长带来压力。

你认为美联储会怎么做?

美联储观察者必须密切关注本章讨论的所有沟通渠道,然后对美联储的想法和美联储将采取的行动形成看法。

仔细研究所有美联储沟通渠道将使你基本成为一名普通的美联储观察者,在良性经济条件下,你的预测能相当准确,但在危机时期却不准确。当严重的事情发生时,即使是美联储也会陷入混乱。要弄清楚它会做什么,你还必须了解金融体系如何运作、该体系可能在哪里出现问题,以及美联储有哪些工具可以修复它们。如果你理解了本书中介绍的概念,并对美联储的沟通方式了如指掌,那么你将顺利成为专家级的美联储观察者。

新框架

2020年8月27日,鲍威尔主席在年度杰克逊·霍尔经济政策研讨会(the annual Jackson Hole Economic Policy Symposium)上宣布了美联储的新货币政策框架。①该框架对美联储实施货币政策的方式做出了两项重大调整:平均通胀目标及最大就业的不对称。

最大就业的不对称

最大化就业是美联储的双重任务之一。为此,美联储的战略声明曾经指出,其政策是基于"偏离就业的最高水平"(deviations from [employment's] maximum level)。这意味着当就业率超过最高水平时,可以提高政策利率,当就业率低于最高水平时,可以降低政策利率。在其新的战略声明中,美联储指出其政策将基于"对最高的就业缺口水平的评估"(assessments of the shortfalls of employment from its maximum level)来制定。这意味着高于美联储估计的最高水平的就业不会鼓励美联储提高政策利率。

鲍威尔主席在演讲中指出,这项调整在一定程度上是由于最高就业水平的

① "Federal Open Market Committee Announces Approval of Updates to Its Statement on Longer-Run Goals and Monetary Policy Strategy", Press Release, Board of Governors of the Federal Reserve System, August 27, 2020, https://www.federalreserve.gov/newsevents/pressreleases/monetary20200827a.htm.

难以计算,以及菲利普斯曲线的扁平化。菲利普斯曲线是经济学中的一个概念,它联系了失业率与通货膨胀,较低的失业率会导致较高的通货膨胀。具体而言,当经济超过其最大就业时,通货膨胀将上升。然而,近年来,失业与通货膨胀之间的联系似乎已显著减弱。2019 年,失业率降至 3.5%左右,是为数十年来的最低水平,但通胀率仍然低于 2%(见图 9.2)。

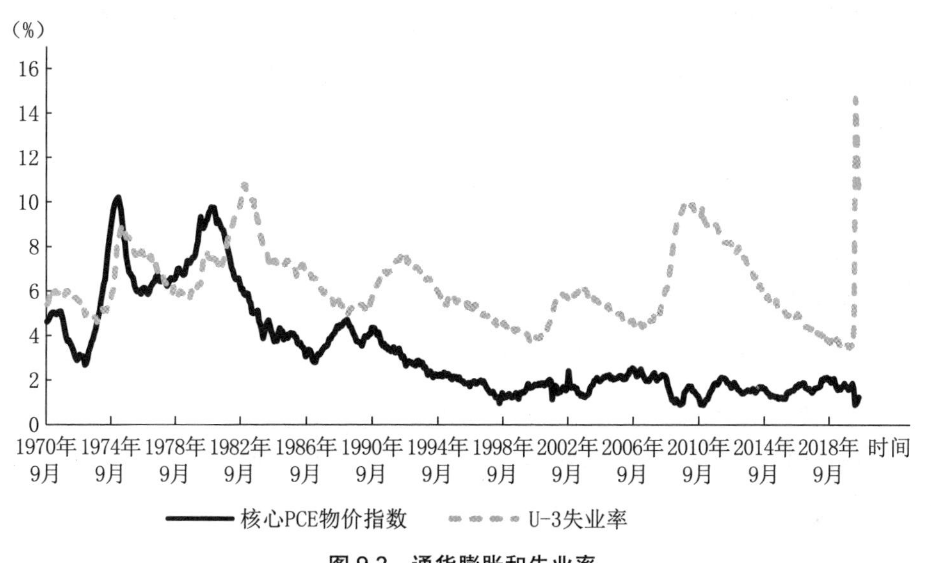

图 9.2 通货膨胀和失业率

资料来源:Bloomberg。

这个谜题要么表明最高就业水平高于美联储的估计,要么表明就业与通货膨胀之间的关系发生了变化。在任意一种情况下,美联储都无法在以往观察就业数据时使用的框架下操作。因此美联储目前表示,低失业率(高就业水平)将不再影响其收紧货币政策的决定。

平均通胀目标

美联储的第二个任务是维持物价稳定,即个人消费支出(PCE)指数的 2%

的通胀目标。在过去十年的大部分时间里,PCE都低于美联储的目标。这种持续的不理想的表现导致美联储调整其执行任务的方法。

美联储正式采用了平均通胀目标框架,即过去低于通胀目标的情况将在未来超过通胀目标时得到弥补,这样一段时间内的平均通胀率将在2%左右。这为美联储允许通胀持续超过2%提供了可能,这在之前的框架下是不被允许的。

批评人士指出,美联储在过去几年未能实现其2%的通胀目标,因此不太可能将通胀推高至更高水平以弥补之前的不足。然而,即使美联储多次加息,PCE通胀偶尔也会超过2%。如果美联储根本没有加息,通胀可能会一直维持在2%以上的水平。美联储新框架的有效性还要再过几年才能得以评判,但债券市场似乎在一定程度上对美联储保有信心。新框架公布后,美国国债收益率曲线变陡,这表明至少有一些市场参与者预计在未来通胀率会更高。

通货膨胀在很大程度上是一种政治选择。任何政府都可以通过大量财政支出来制造通货膨胀,任何政府都可以通过大量增税来制造通货紧缩。美联储选择在长期维持低利率;如果联邦政府决定继续进行大规模的赤字支出,那么未来高通胀的可能性非常大。

现代货币理论

现代货币理论(modern monetary theory, MMT)是一支新兴的经济思想流派,为财政政策的革新奠定了理论框架。[①]现代货币理论假设政府发行的法定通货不受税收或债务的限制,而仅受通货膨胀的影响。税收和发债只是政府管理通货膨胀的工具。这与传统经济学观点形成鲜明对比,后者倾向于负面地看待赤字支出和高政府债务水平。

---

① 更多信息请参见 Kelton, Stephanie, 2020, *The Deficit Myth*: *Modern Monetary Theory and the Birth of the People's Economy*。

传统的经济学理论将一个国家视为一个家庭，入不敷出和负债预示着更为拮据的未来日子。负担着大量债务的国家将不得不增加后代的税收以偿还债务。过多的债务也可能导致投资者要求得到更高的利率，这进一步抑制了经济增长。这种传统思想流派的拥护者对政府赤字提出警告，并努力实现预算平衡。

现代货币理论的支持者指出，政府仅仅通过印刷更多的钱就可以为其支出提供资金。政府不需要举债或征税，它应该使用这些工具对抗通货膨胀。当政府进行赤字支出时，它实际上在通过创造货币，并将其花费于商品和服务来促进经济增长。如果通货膨胀得到控制，赤字支出和高债务负担并不是令人担忧的问题，还可能对经济有益。

现代货币理论革命似乎已经在有意无意之间悄然统治了世界。世界各国政府在财政支出方面变得越来越激进，对主权债务负担的担忧正在减少。美国政府赤字呈抛物线走势，并在 2020 年超过 3 万亿美元。中央银行通过

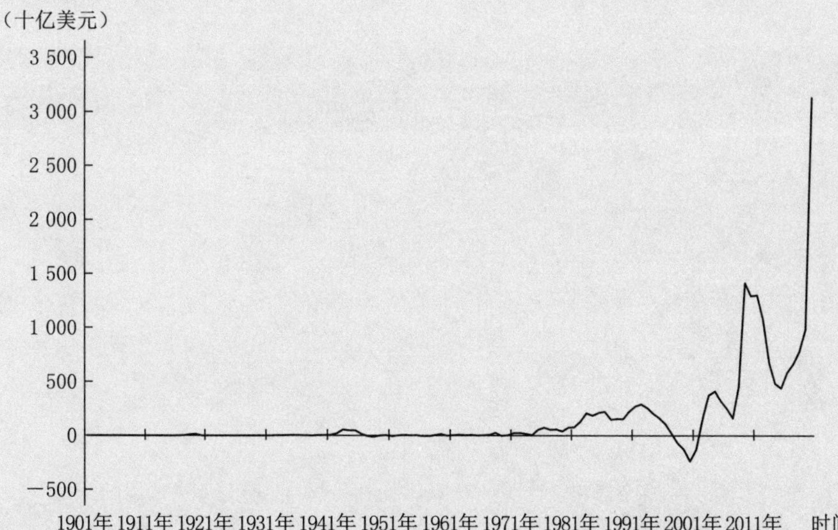

美国联邦政府年度赤字

资料来源：FRED。

保持低利率,并借由购买大量政府债务来为政府支出提供资金,进而使这场革命成为可能。经济对大规模财政刺激作出了正面的反应。更重要的是,这种行为似乎没有造成任何后果,因为通胀率仍然保持在低水平,利率仍然在历史低位,货币市场也保持稳定。财政鹰派们(fiscal hawks)所害怕的“债券卫士”(bond vigilantes)会狂抛债券拉高收益率也似乎如童话故事不曾发生。

现代货币理论在对货币体系如何运作的描述上基本是正确的,但其可能误解了“债券卫士”童话故事的意图。政府预算是对政府权力的约束,就如同《权利法案》、三权分立和宪法。这种约束的消除赋予政府无限但未必会被明智使用的支出权力。

历史一再表明,政府官员既不比其他人聪明,也不比其他人更无私。货币体系的强大程度取决于人们对它的信心,而取消货币体系中长期确立的制度保障,可能会导致巨大灾难。

图书在版编目(CIP)数据

极简央行课/(美)王造著;李卓楚译;王永钦校
.—上海:格致出版社:上海人民出版社,2023.5(2024.3 重印)
ISBN 978-7-5432-3418-5

Ⅰ.①极… Ⅱ.①王… ②李… ③王… Ⅲ.①美国联
邦储备系统-研究 Ⅳ.①TU238.2

中国国家版本馆 CIP 数据核字(2023)第 042067 号

责任编辑 郑竹青 程 倩
装帧设计 仙境设计

极简央行课
[美]王造 著
李卓楚 译
王永钦 校

出 版 格致出版社
上海人民出版社
(201101 上海市闵行区号景路 159 弄 C 座)
发 行 上海人民出版社发行中心
印 刷 上海盛通时代印刷有限公司
开 本 720×1000 1/16
印 张 11.25
插 页 2
字 数 150,000
版 次 2023 年 5 月第 1 版
印 次 2024 年 3 月第 3 次印刷
ISBN 978-7-5432-3418-5/F·1482
定 价 58.00 元

上海市版权局著作权合同登记号:图字 09-2022-0757